Roland Schrapp

Der Einfluss der Tierkreiskräfte
auf die kulturelle Entwicklung
der Menschheit

Titelbild:
Albrecht Dürer: Imagines coeli septentrionales cum duodecim imaginibus zodiaci
(Nördliche Himmelsbilder mit zwölf Tierkreisbildern)

Roland Schrapp

Der Einfluss der Tierkreiskräfte auf die kulturelle Entwicklung der Menschheit

Bibliografische Information der Deutschen Nationalbibliothek:
Die Deutsche Nationalbibliothek verzeichnet diese Publikation in der
Deutschen Nationalbibliografie; detaillierte bibliografische Daten sind
im Internet über http://www.dnb.de abrufbar.

Herstellung und Verlag: BoD – Books on Demand, Norderstedt

ISBN: 9783754396261

Inhalt

Tierkreisbilder – Phantasie oder Schauung?

Wenn wir in einer wolkenlosen Nacht unseren Blick zum Himmel richten, sehen wir uns einer wirklich erstaunlichen Pracht unzähliger glitzernder und funkelnder Sterne am Himmelsgewölbe gegenüber. Tief kann uns dieser Anblick im Inneren berühren, und selbst mehr verstandesgeprägte, nüchterne Gemüter werden in solchen Momenten ins Staunen geraten. Meist versuchen wir dann, die eine oder andere uns bekannte Sternengruppe aufzufinden, wie etwa den „großen Wagen". Wer sich einige astronomische Kenntnisse aus seiner Schulzeit bewahrt hat, wird wohl auch nach dem benachbarten „kleinen Wagen" suchen, dessen „Deichsel" am Polarstern beginnt, der am nördlichen Himmelspol steht und um den sich infolge der Erdrotation der ganze Sternenhimmel im Laufe eines Tages dreht. Manche werden sogar eines oder mehrere der zwölf Tierkreiszeichen auffinden und damit den Verlauf der Sonnenbahn am Himmel, die sogenannte Ekliptik, nachvollziehen können.

Das besondere Interesse der Menschheit galt von Alters her den entlang der Ekliptik aufgereihten Sternkonstellationen. Die Bilder des Tierkreises gehören mit zu den ältesten uns überlieferten Darstellungen des Sternenhimmels. Doch wie sind sie entstanden? Dem aufgeklärten, modernen Menschen erscheint es plausibel, dass die Menschen früherer Zeiten einfach Gruppen einzelner Sterne durch gerade Verbindungslinien zu jenen abstrakten Figuren zusammenfassten, die wir auch heute noch in unseren Sternkarten finden, und dass diese Figuren im Nachhinein erst als Anregung dienten, den Sternenhimmel mit naturgetreueren Bildern phantasievoll auszuschmücken. Aber ist es wirklich so geschehen? Haben die frühen Astronomen zunächst abstrakte Linienfiguren geschaffen und anschließend erst die anschaulichen, naturgetreueren Bilder Widder, Stier, Zwillinge usw. hinzugedacht? Wäre es nicht möglich, dass alles genau umgekehrt geschah? Könnten die Tierkreis-Bilder nicht sogar wesentlich älter sein als die durch Verbindungslinien erzeugten abstrakten Figuren, sodass letztere von den Bildern abstammen und nicht die Bilder von den Figuren?

Waren die Menschen früherer Zeiten vielleicht in ihrem Seelenleben ganz anders geartet als wir es uns heute vorstellen? Unsere naturwissenschaftliche Menschenkunde, die Anthropologie, untersucht die Evolution des Menschen hauptsächlich hinsichtlich seiner körperlichen Entwicklung. Dass damit auch ganz wesentliche Veränderungen des Seelenlebens und der Wahrnehmungsfähigkeiten einhergingen, wird hierbei wenig berücksichtigt. Wir halten die Menschen früherer Zeiten für wesentlich phantasievoller als wir selbst es sind, und die Tatsache, dass alle alten Völker von der Existenz höherer geistiger Wesen überzeugt waren, welche sie Götter nannten, erscheint uns als ein Beweis dafür, wie sehr die Menschheit der Antike und noch früherer Zeiten zu einer geradezu kindlichen Phantasie neigte.

Dem steht allerdings eine nicht hinweg zu diskutierende Tatsache entgegen: Ausgerechnet jene Menschen, die von Bildern am Himmel und von Göttern sprachen, haben Bauwerke zustande gebracht wie Stonehenge, die ägyptischen Pyramiden und die architektonisch perfekten griechischen Tempel, über die wir heute zutiefst erstaunt sind. Noch immer beschäftigt unsere Wissenschaftler die Frage, wie mit den damals zur Verfügung stehenden einfachen Mitteln derart gigantische und geometrisch exakte Bauwerke geschaffen werden konnten. Eines können diese Menschen ganz sicherlich nicht gewesen sein: realitätsfremde Phantasten.

Müssen wir nicht viel eher annehmen, dass die Menschen damals ihre Außenwelt anders erlebten als wir es heute tun? Standen sie der Welt und ihren Erscheinungen vielleicht nicht nur mit ihren physischen Sinnesorganen und einem abstrakten Denken gegenüber, sondern mit ihrer vollen und ganzen Seele, mit einer viel tieferen Empfindsamkeit und Empfänglichkeit, welche ihnen Wahrnehmungen ermöglichten, die für uns heute verblasst sind? Erstreckten sich ihre inneren Wahrnehmungen vielleicht sogar über jene Sinnesgrenzen hinaus, die unser heutiges Bewusstsein so streng umschließen? Besaßen die Menschen eine Art von „Hellsehen"? Immerhin finden wir selbst im späten Mittelalter noch Berichte über einzelne Personen, welche „das zweite Gesicht" besessen haben sollen. Wurden die Sternbilder also womöglich wirklich geschaut und nicht einfach gedanklich konstruiert? Rudolf Steiner teilte dazu folgendes mit:

„Derjenige, der einfach aufzeichnen würde, was er da in den Weltenweiten sieht, der würde zu nichts kommen. Eine bloße Abzeichnung des Sternenhimmels, wie sie die heutigen Astronomen machen, führt zu nichts. Wenn man aber den ganzen Menschen mit dem vollen Verständnis des Kosmos diesem Kosmos gegenüberstellt, dann bilden sich ihm im Inneren der Seele gegenüber diesen Sternanhäufungen Bilder aus, wie man sie auf alten Karten sieht, wo noch aus dem alten, instinktiven Hellsehen die Imaginationen sich bildeten, und dann bekommt man eine Imagination des ganzen Kosmos. [...]

Die Menschen haben ja heute im Grunde genommen gar keine Ahnung davon, wie man einmal in das Weltenall hineingesehen hat in älteren Zeiten, wo eben noch ein instinktives Hellsehen bei den Menschen vorhanden war. Man hält heute dafür, dass die verschiedenen Zeichnungen, die Bilder, die Imaginationen, die gemacht worden sind von den Tierkreisbildern, aus der Phantasie entsprungen sind. Das sind sie nicht. Sie wurden empfunden, wurden geschaut, indem man sich dem Kosmos gegenüberstellte. Der Fortschritt der Menschheit forderte, dass diese instinktive, diese lebendige, diese imaginative Anschauung abgedämmert ist, dass an ihre Stelle die den Menschen befreiende, intellektuelle Anschauung getreten ist, aus der heraus aber, wenn wir ganze Menschen sein wollen, wiederum eine solche Anschauung des Weltenalls errungen werden muss, die wiederum zur Imagination vorschreitet, aber jetzt mit vollem Bewusstsein, nicht mehr instinktiv.

Man bekommt da nun nicht einen Raum, der sich durch drei Dimensionen erschöpfen lässt, wenn man in dieser Weise vom Sternenhimmel herein zu der Raumesvorstellung kommen will, sondern man bekommt einen Raum, den ich auch nur bildhaft andeuten kann: Würde ich den Raum, von dem ich gestern gesprochen habe, anzudeuten haben mit den drei aufeinander senkrecht stehenden Linien [in der Mitte der Abbildung], so müsste ich diesen anderen Raum so andeuten, dass ich überall solche Konfigurationen zeichne, wie wenn Kräfte in Flächen sich von allen Seiten des Weltenalls der Erde näherten und von außen her plastisch wirkten an den Gebilden, welche auf der Erdoberfläche sind.

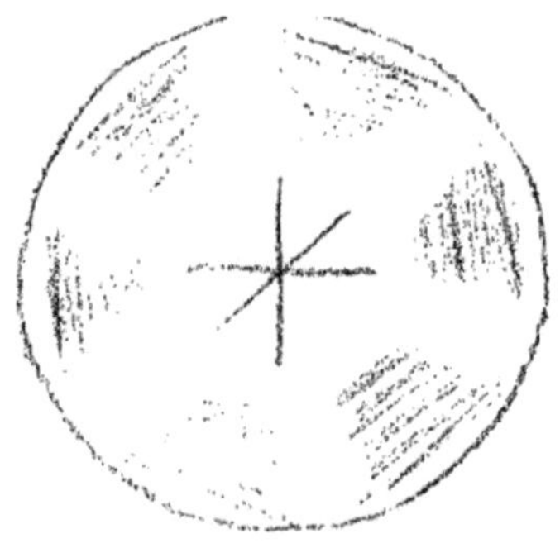

Abbildung 1:
Rudolf Steiners Skizze zu den
aus dem Weltall herein wirkenden Bildekräften

Zu einer solchen Vorstellung kommt man, wenn man vorrückt von dem, was mit den physischen Augen an den Lebewesen, vor allen Dingen am Menschen zu sehen ist, zu dem, was ich jetzt hier Imagination genannt habe, wobei sich einem statt des physischen Menschen der Kosmos in Bildform eröffnet und einem einen neuen Raum schenkt." [1]

Diesen „neuen Raum", wie ihn Rudolf Steiner hier nennt, erlebten die Menschen der Antike als eine vierte Dimension zusätzlich zu den drei Dimensionen der physischen Sinneswelt. Allerdings war das bildhafte, imaginative Erleben zweidimensional, denn:

„Es geht nicht in ein unbestimmtes Viertes hinein, sondern man muss von einem gewissen Punkte an umkehren, und die vierte Dimension wird nämlich einfach die dritte Dimension mit negativem Vorzeichen. [...] Die vierte Dimension ist die negative dritte und vernichtet die dritte, macht den Raum eigentlich zweidimensional." [2]

Dieser „vierten Dimension" gehört außer den kosmischen, ätherischen Bildekräften auch unsere Gefühlswelt an.

„Die Gefühlswelt ist in Wirklichkeit gar nicht dreidimensional ausgebreitet, die Gefühlswelt ist in Wahrheit nur zweidimensional ausgebreitet." [3]

Daher ist es unmöglich, Gefühle mit den herkömmlichen, auf die dreidimensionale Außenwelt gerichteten fünf Sinnen wahrzunehmen. Niemand hat bisher ein Gefühl mit physischen Augen gesehen, auch keine einzige jener Kräfte, von denen die moderne Naturwissenschaft spricht. Es bedarf seelischer Sinne, um Seelisches oder Kraftendes wahrnehmen zu können. Uns haben sich diese Sinne im Verlauf der letzten Jahrtausende immer mehr verschlossen. Dadurch wurden wir ganz in die physische Sinneswelt hinausgestellt und neigen heute dazu, diese allein als Realität anerkennen zu wollen. Die Menschheit älterer

---

[1]   GA 82 „Damit der Mensch ganz Mensch werde", Den Haag, Vortrag vom 09.04.1922.

[2]   Ibidem, Vortrag vom 08.04.1922.

[3]   GA 213 „Menschenfragen und Weltenantworten", Dornach, Vortrag vom 24.06.1922.

Epochen hätte eine solche Auffassung heftigst bestritten, da dies nicht ihrer Lebensrealität und Wahrnehmungswelt entsprach.

Aus den zwölf Himmelsrichtungen des Raumes wirken ganz unterschiedliche Kräfte auf die Erde und ihre Bewohner ein. Mit Hilfe des alten Hellsehens konnte man diese Kräfte gefühlsmäßig unterscheiden und innerlich in einem Kreis aus zwölf zweidimensionalen Bildern erleben und schauen. Die physisch sichtbaren Sternkonstellationen am Himmel wurden erst später als Grenzmarken zwischen den gefühlten und imaginativ geschauten Bildern der zwölf Kraftrichtungen des Raumes verwendet. Hierzu erläuterte Rudolf Steiner in einem anderen Vortrag:

„Sehen Sie, versuchen Sie jetzt, bloß, ich möchte sagen, mit dem Räumlichen zu rechnen, indem Sie diejenigen Raumgegenden in dem von uns überschaubaren Weltenraum ins Auge fassen, die uns eben angegeben werden in der äußeren Welt durch das, was wir den Tierkreis nennen. Ich will gar nicht im Besonderen auf diese Tierkreisbilder jetzt eingehen, sondern nehmen Sie nur die Himmelsrichtungen, auf die wir hinschauen, wenn wir uns gegen das Sternbild des Widders im sogenannten Tierkreis wenden, dann zu Stier, Zwillinge, Krebs, Löwe, Jungfrau, Waage, Skorpion, Schütze, Steinbock, Wassermann, Fische. Da haben wir gewissermaßen zunächst nur darauf zu schauen, wie der uns als unser sichtbares Weltenall vorliegende Raum gegliedert wird. Und nur als Zeichen für diese Gliederung sei immer hingewiesen auf die betreffende Gegend; n u r als Zeichen, in welcher Richtung wir den Raum a b g r e n z e n wollen, sei hingewiesen auf die betreffenden Sternbilder im Tierkreise.

Nun handelt es sich darum, dass diese Raumrichtungen wirklich nicht etwas sind, was man damit charakterisieren kann, dass man sagt: Da ist leerer Raum, und ich ziehe in den leeren Raum hinein irgendeine Linie. So etwas, was die Mathematik als Raum annimmt, gibt es überhaupt nirgends, sondern überallhin sind Kräftelinien, Kräfterichtungen, und diese Kräfterichtungen sind nicht gleich, sie sind untereinander verschieden, sie sind differenziert. Und man kann ja eben diese zwölf Gebiete unseres sichtbaren Weltenalls dadurch unterscheiden, dass man sagt: Schaue ich in der Richtung nach dem Widder, so ist die Kraftwirkung eine andere, als wenn ich in der Richtung nach der Waage oder in der Richtung nach dem Krebs schaue. Das ist etwas, was allerdings zunächst der Mensch nicht zugeben will, solange er in der bloßen Sinneswelt verweilt. Aber in dem Augenblicke, wo der Mensch aufsteigt zum imaginativen Seelenerleben, empfindet er nicht gleichgültig die Richtung nach dem Widder oder Krebs, sondern er empfindet sie höchst differenziert. [...] Dieses abgestufte, differenzierte Empfinden hat der Mensch, wenn er zum imaginativen Wahrnehmen aufsteigt, sobald er sich um das Himmelsgewölbe herum bewegt. Es tauchen einfach diese Grade des Empfindens, sogar diese Grade des Anschauens auf. Das ist in dem Augenblicke der Fall, wo der Mensch aus der Gleichgültigkeit des gewöhnlichen Sinneslebens herauskommt. Man hat es also da nicht zu tun mit etwas Gleichgültigem im Raume, sondern man hat es zu tun damit, dass der Raum um uns herum auf uns in sehr differenzierter Weise wirkt.“ [4]

Rudolf Steiner spricht von „Imagination“ und „imaginativem Seelenerleben“. Mit diesen Begriffen bezeichnete er stets eine Wahrnehmungs- und Bewusstseinsstufe, welche Eindrücke ermöglicht, die im Bereich der vierten Dimension liegen oder wie er sie sonst meistens nennt, in der „Ätherregion“ oder „Ätherwelt“.[5] In ihr wirken ätherische Bildekräfte, die von Menschen mit entsprechend empfänglichem Seelenwesen „imaginativ“, d. h. in bildhafter Form, geschaut werden können. Sie wirken vom Umkreis des Kosmos her auf die Erde und ihre Lebewesen ein und geben dabei dem Vegetationsgeschehen im Laufe des Jahres eine ganz unterschiedliche Prägung. Von Monat zu Monat verän-

---

[4] GA 201 „Entsprechungen zwischen Mikrokosmos und Makrokosmos“, Dornach, Vortrag vom 17.04.1920.

[5] Zum Beispiel in GA 26 „Anthroposophische Leitsätze“, Kapitel „Geistige Weltbereiche und menschliche Selbsterkenntnis“ oder GA 272 „Faust, der strebende Mensch – Band I“, Dornach, 04.09.1916.

dert sich das Erscheinungsbild der irdischen Natur je nach dem, durch welches Tierkreisbild, d. h. durch welchen ätherischen Kräftebereich, die Sonne gerade läuft.

Die zwölf Raumrichtungen haben jedoch nicht nur Einfluss auf das jährliche Vegetationsgeschehen, sondern auch auf das im Einklang mit dem Jahreslauf sich verändernde seelische Empfinden der Menschen.[6] Darüber hinaus bewirken die Kräfte aus den verschiedenen Raumrichtungen sogar die aufeinanderfolgenden Zeitalter und Kulturen der Menschheit, indem sie diesen ihren jeweils ganz eigenen Charakter verleihen. Hierbei kommt dem sogenannten „Frühlingspunkt" eine besondere Rolle zu. Es handelt sich dabei um jenen Schnittpunkt des Himmelsäquators mit der Ekliptik, welchen die Sonne alljährlich zu Frühlingsanfang (ca. 21. März) durchläuft (siehe Abbildung 2). Ihm gegenüber befindet sich der „Herbstpunkt". Beide Punkte sind nicht feststehend, sondern bewegen sich gemeinsam mit der langsamen Drehung der Erdachse in ca. 72 Jahren um jeweils 1 Grad rückwärts durch den Tierkreis. Diese Bewegung wird als Präzession des Frühlingspunktes bezeichnet.

Da sich der Raum- und Kräftebereich eines Tierkreisbildes am Himmel über ein Zwölftel des gesamten Kreises erstreckt, also 30° von 360° umfasst, braucht die Sonne 30 x 72 Jahre lang, d. h. 2.160 Jahre, bis sie ein einziges Tierkreisbild rückwärtslaufend durchwandert hat und in den Einflussbereich des vorhergehenden einzieht. Für die Menschheit bedeutet das den Beginn eines neuen Zeitalters und einer neuen Kulturstufe.

---

6   Siehe hierzu Rudolf Steiners „Anthroposophischen Seelenkalender" sowie des Autors Buch „Der anthroposophische Seelenkalender und der Inkarnationskreislauf des Menschen" (2020, Verlag BoD – Books on Demand, Norderstedt), in welchem geschildert wird, was sich einer längeren meditativen Betrachtung der Wochensprüche des Seelenkalenders ergeben kann.

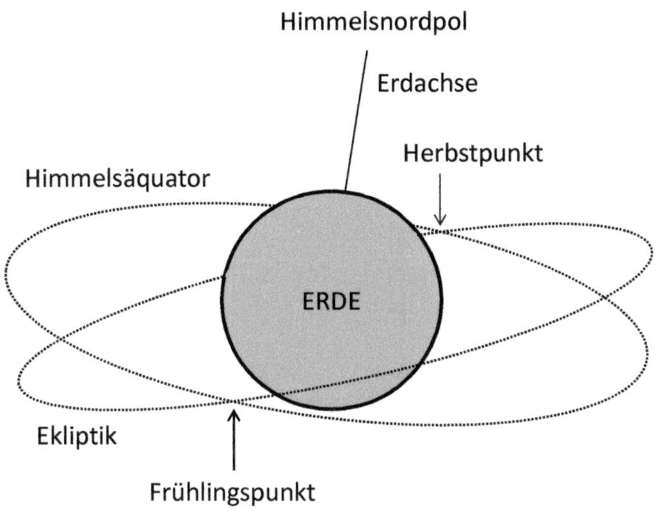

Abbildung 2:
Der Frühlingspunkt als Schnittpunkt
des Himmelsäquators mit der Ekliptik. [7]

Wann fingen nun die Menschen an, sich für solche Vorgänge am Himmel wie etwa den Lauf der Sonne durch den Tierkreis überhaupt zu interessieren? Nach Rudolf Steiner liegt der gemeinsame Ursprung von Astronomie und Astrologie in einem weit zurückliegenden Zeitalter, das in der Mitte des 6. Jahrtausends vor Christus begann. Vor dieser Zeit war das innere Bildererleben der Menschen noch so intensiv, von

---

[7] Nach Aussagen Rudolf Steiners bewegen sich Sonne und Erde, wie auch die anderen Planeten, auf Lemniskatenbahnen. Erst durch das Zusammenwirken vieler verschiedener Kräfte kommt das zustande, was wir heute als die Ellipsenbahnen der Planeten beschreiben. Aus Sicht der Lemniskatenbahnen befinden sich Frühlingspunkt und Herbstpunkt, als Schnittpunkte des Himmelsäquators mit der Ekliptik, im Mittelpunkt einer Doppellemniskatenbahn von Sonne und Erde. Ausführliches hierzu in des Autors Buch „Das Lemniskatenbahnensystem" (2020, Verlag BoD – Books on Demand, Norderstedt).

solcher Leuchtkraft und Lebendigkeit, dass die äußeren Sinneswahrnehmungen dagegen blass, schattenhaft und unwirklich erschienen. Daher galt die innerlich erlebte seelisch-geistige Welt den Menschen als Realität und die äußere Sinneswelt nur als ein Schein, eine Maja. Der Frühlingspunkt bewegte sich damals durch das Tierkreisbild des Krebses. Die Menschen jener Zeit lebten ganz im Fühlen. Die am weitesten in der Entwicklung fortgeschrittenen Menschen begründeten in Indien eine erste nacheiszeitliche Kultur.

„Diese urindische Kultur liegt weit vor der Zeit, in der die Veden entstanden sind. Sie hatte noch etwas Traumhaftes, rein Innerliches. Die Seelenverfassung des alten Inders war unserer heutigen ganz entgegengesetzt. Ihm galt alles Äußere, Sichtbare als Maja, als Illusion, und die Wirklichkeit war nur das Brahman[8] und was vom Brahman erfasst werden konnte."[9]

Erst als um die Mitte des 6. Jahrtausends vor Christus der Frühlingspunkt rückwärtslaufend in den Kraftbereich der Zwillinge einzog, begann westlich von Indien, im vorhistorischen Persien, eine erstmalige Wertschätzung der äußeren Sinneswelt. Physische Außenwelt und seelisch-geistige Innenwelt standen sich nun als Zweiheit gegenüber. So wurde das Erleben der Menschen dualistisch. Die Gegensätze von Licht und Finsternis, Tag und Nacht, Vergangenheit und Zukunft waren Themen, mit denen sich die Kulturführer jener Zeit beschäftigten und worüber sie ihre Schüler belehrten. Auch Erde und Himmel wurden nun nicht mehr als Einheit, sondern als Zweiheit erlebt, sowohl mit physischen Sinnen wie auch mit dem inneren seelischen Sinn. Aus jener Himmelsrichtung, in welcher die Sonne damals bei Frühlingsanfang aufging, wirkten Kräfte, welche Bilder der irdischen Gestalt des Menschen in der Seele entstehen ließen und zwar in zweifacher Weise, als Mann und Frau, als ein Menschenpaar. Diese ursprüngliche Darstellung des

---

8   die Weltenseele oder der Weltengeist
9   GA 94 „Kosmogonie", Leipzig, Vortrag vom 08.07.1906.

Tierkreis-Bildes, das man später „Zwillinge" nannte, blieb bis ins Mittelalter hinein erhalten.

Aus der entgegengesetzten Himmelsrichtung wirkten Kräfte, welche das innere Bild eines im Himmel beheimateten, seelisch-geistigen Menschen in Gestalt eines Kentaurs mit Pfeil und Bogen hervorriefen, den man später als „Schützen" bezeichnete. Sein unterer, tierischer Teil zeigte den Einfluss Ahrimans, des Gottes der Erde und der Finsternis, in der Menschenseele. Der obere, menschliche Teil des Kentaurs war bildhafter Ausdruck des Einflusses des Licht- und Himmelsgottes Ahura Mazdao oder Ormuzd. Unter seiner Führung konnte der Mensch sich über die Tierheit erheben. Das Wirken Ahura Mazdaos fand seinen äußeren Ausdruck in allen Lichterscheinungen am Himmel, im Lauf der Sonne, des Mondes und der Planeten sowie den leuchtenden Sternen am Nachthimmel. So konnte der größte Lehrer jenes Zeitalters, der erste Zarathustra, dessen Namen seine Nachfolger später als Titel weiter trugen, eine anfängliche, frühe Astronomie begründen:

„Nun sah Zarathustra hinter dem, was in der Sinneswelt ist, besonders in der Art, wie sich die Sterne innerhalb des Weltenraumes zu Gruppen zusammenfügen, eine solche Zeichenschrift. Wie wir auf dem Papier die Buchstaben haben, so sah er in dem, was uns als die Sternenwelt im Raume umgibt, etwas wie die Buchstaben von den geistigen Welten, die zu uns sprechen. Und es bestand die Kunst, einzudringen in die geistige Welt und die Zeichen, die uns durch die Anordnung der Sterne gegeben sind, zu lesen, zu deuten, an der Bewegung und Anordnung der Sternenwelten die Art zu entziffern, wie die Geister draußen ihre Taten des Geist-Erschaffens in den Raum schreiben. Das wurde für Zarathustra und seine Schüler dasjenige, worauf es ihnen ankam.

So war ihnen besonders ein wichtiges Schriftzeichen dies: dass Ahura Mazdao seine Schöpfungen, seine Offenbarungen in der Welt dadurch vollbringt, dass er scheinbar im Sinne unserer Astronomie einen Kreis im Himmelsraum zu beschreiben hat. Dieses Beschreiben eines Kreises wurde der Ausdruck für ein Schriftzeichen, das Ahura Mazdao oder Ormuzd den Menschen kundgibt, um zu zeigen, wie er wirkt, wie er seine Taten in den ganzen Weltenzusammenhang stellt. Da war es wichtig, dass Zarathustra darauf hinweisen konnte: Es ist der Tierkreis, der Zodiakus, eine in sich selbst zurückkehrende Linie, ein Ausdruck für die in sich selbst zurückkehrende Zeit. Im höchsten Sinne des Wortes geht der eine Ast der Zeit nach der Zukunft, nach vorwärts, der andere in die Vergangenheit, nach rückwärts. Was später der Tierkreis wurde, ist Zaruana akarana: die in sich selbst sich findende Zeitlinie, welche Ormuzd beschreibt, der Geist des Lichtes. Das ist der Ausdruck für die geistige Tätigkeit des Ormuzd. Die Bahn der Sonne durch die Tierkreisbilder ist der Ausdruck der Tätigkeit des Ormuzd, und Zaruana akarana hat sein Symbol im Tierkreis. Im Grunde genommen sind «Zaruana akarana» und «Zodiakus» dasselbe Wort so wie «Ormuzd» und «Ahura Mazdao». Einverwoben ist zweierlei in dem «Gehen durch den Tierkreis»: einmal ein gewisser Gang der Sonne im Hellen, wo sie im Sommer ihre vollen Kräfte als Lichtkräfte auf die Erde sendet. Aber auch ihre geistigen Kräfte schickt sie uns aus dem Lichtreich des Ormuzd. Derjenige Teil des Tierkreises also, den Ormuzd während des Tages oder während des Sommers durchläuft, zeigt uns, wie Ormuzd unbehindert von Ahriman wirkt; diejenigen Tierkreisbilder dagegen, die unter dem Horizont liegen, symbolisieren das Reich des Schattens, das sozusagen Ahriman durchläuft." [10]

Zarathustra lehrte seine Schüler darüber hinaus den Aufbau unseres Planetensystems, wobei ihm jede Planetensphäre als Aufenthaltsbereich einer bestimmten Gruppe von Geistwesen galt. Dieses, aus verschieden großen, ineinander liegenden Sphären bestehende geozentrische Weltbild wurde später von Ptolemäus übernommen und rein verstandesmäßig weiterentwickelt. Es hat sich sogar bis ins Mittelalter hinein erhalten. Erst vom 16. Jahrhundert an wurde es durch Kopernikus von

---

[10] GA 60 „Antworten der Geisteswissenschaft auf die großen Fragen des Daseins", Berlin, Vortrag vom 19.11.1911.

einem heliozentrischen Weltbild allmählich abgelöst, da der Menschheit die Aufgabe gestellt wurde, sich eine Zeitlang nur noch der physischen Sinneswelt zuzuwenden. Durch Beschränkung der Wahrnehmung auf diese wurde den Menschen die Möglichkeit gegeben, sich selbst von allen äußeren Gegenständen und physisch sichtbaren Wesen abgrenzen und dadurch ein starkes Ich-Bewusstsein entwickeln zu können.

Das Verblassen der Bilder

Auf das Zwillingszeitalter der urpersischen Kultur folgte als nächstes das Stierzeitalter. Vom Jahre 2907 v. Chr. an ging die Sonne zu Frühlingsbeginn für die Dauer von 2.160 Jahren vor jener Himmelsrichtung auf, deren Kräfte in den empfindsamen Menschenseelen der Urzeit das Bild eines Stieres hervorgerufen hatten. Dessen Gegenbild am Himmel war ein großer, adlerähnlicher Vogel. Im Laufe des Stierzeitalters wurde er zum Geier, dem Todesvogel, umgeformt und in späterer Zeit zum todbringenden Skorpion. Aus seiner Himmelsrichtung strömte den Menschen die Kraft des Geistes und des Lebens nach dem Tode zu, aus der gegenüberliegenden Region des Stieres die Kraft des Stoffes und des irdischen Lebens. Ankh, das ägyptische Henkelkreuz, wurde zum wichtigsten Symbol der Lebenskraft und man verehrte den Himmelsstier als den göttlichen Apis. Wandbilder zeigten anschaulich, wie die Sonne mit ihren Strahlen den Wesen auf der Erde das Leben schenkt.

Gleichzeitig mit der zunehmenden Hinwendung zur äußeren Sinneswelt mit ihren vielfältigen Formen und Leibern schwand jedoch die Fähigkeit des alten Hellsehens dahin. Man wusste zwar noch um die Prä- und Postexistenz des Menschen in einer seelisch-geistigen Welt. Aber alle diesbezüglichen Wahrnehmungen verblassten zusehends, wurden immer undeutlicher und schattenhafter. So entwickelte sich die Sorge um das Fortleben nach dem Tode, was zu einem immer aufwändiger betriebenen Totenkult führte. Auch konnten nur noch wenige Menschen, nach besonderer Vorbereitung in den Mysterienstätten, beim Blick in die verschiedenen Himmelsrichtungen jene inneren Bilder erleben, die der Nachwelt als die zwölf Tierkreisbilder überliefert wurden.

Um sich fortan das Wissen um die Grenzen zwischen den zwölf Kraftbereichen bewahren zu können, suchte man nach äußerlich sichtbaren Marken am Himmel. Zu diesem Zweck wurden die nahe der Sonnenbahn am Himmel gelegenen, für alle Menschen physisch sichtbaren Sterne zu zwölf Gruppen zusammengefasst, jenen zwölf Sternkonstellationen, die wir heute noch mit den Namen der ursprünglich hellsichtig geschauten Bilder benennen. Rudolf Steiner weist allerdings darauf hin, dass diese damals nicht den Raum- und Kraftbereich eines Tierkreis-Bildes kennzeichneten, sondern dass jede Sternkonstellation nur die Richtung angibt, wo die Grenze zwischen zwei imaginativ geschauten Tierkreis-Bildern liegt:

„Da haben wir gewissermaßen zunächst nur darauf zu schauen, wie der uns als unser sichtbares Weltenall vorliegende Raum gegliedert wird. Und nur als Zeichen für diese Gliederung sei immer hingewiesen auf die betreffende Gegend; n u r als Zeichen, in welcher Richtung wir den Raum a b g r e n z e n wollen, sei hingewiesen auf die betreffenden Sternbilder im Tierkreise.“ [11]

Die Grenzen liegen also nicht zwischen den physisch sichtbaren Sternkonstellationen, wie es die traditionelle Astrologie annimmt, sondern irgendwo im inneren Bereich derselben, da die Konstellationen große, breite Richtungsmarkierungen sind. Dieses Wissen ging später verloren. In der weiteren Entwicklung der astronomisch-astrologischen Tradition setzte sich die Auffassung durch, die Grenzen zwischen den verschiedenen hellsichtig imaginativ geschauten Tierkreis-Bildern oder ätherischen Krafträumen seien mit den Grenzen der physisch sichtbaren Sternkonstellationen identisch. Dabei bestand allerdings das Problem, dass die Grenzen nicht immer klar erkennbar waren, da einige der physischen Sternkonstellationen in den Bereich der vorhergehenden oder nachfolgenden hineinragen, sich mit ihnen überlappen.

---

[11] GA 201 „Entsprechungen zwischen Mikrokosmos und Makrokosmos", Dornach, Vortrag vom 17.04.1920.

Beide Faktoren zusammen führten letztlich zu einer Verschiebung bei der räumlichen Festlegung der ursprünglich imaginativ geschauten zwölf Kraftbereiche. Schon in der Astronomie der alten Griechen stimmten sie nicht mehr mit den Sterngruppen und Tierkreiszeichen überein.

Die Astronomie der alten Griechen

Im Jahre 747 v. Chr. zog der Frühlingspunkt rückwärtslaufend in einen Kraftbereich ein, der in den Menschenseelen der vorangehenden Zeitalter das Bild eines Lammes oder Widders hervorgerufen hatte, wenn sie in die entsprechende Himmelsrichtung blickten. Die Fähigkeit, solche inneren Himmelsbilder schauen zu können, war bereits im Verlaufe des Stierzeitalters weitgehend verloren gegangen. Das Wissen um diese Bilder war aber noch sehr lebendig erhalten geblieben. Auch im neuen Zeitalter pflegte man diese Erinnerung weiter. Sie wurde Bestandteil der Kultur. Der Mensch unterschied sich in seinem Bewusstsein nun schon wesentlich stärker von der ihn umgebenden Welt als es vorher jemals der Fall gewesen war.

Die Kräfte aus der Himmelsrichtung des Krebses hatten die Aufmerksamkeit der Menschen ganz auf ihre seelische Innenwelt gelenkt. Durch die Kräfte aus dem Bereich der Zwillinge gelangten die Menschen dazu, die stoffliche Außenwelt mit gleicher Intensität wahrzunehmen wie ihre noch sehr lebendige seelisch-geistige Innenwelt. Für die Menschen der ägyptisch-chaldäischen Zeit überwogen die physischen Sinneswahrnehmungen der Außenwelt bereits deutlich die inneren Seelenbilder, welche nun verblassten.

Unter dem Einfluss der Kräfte des Erdzeichens Stier lernte man die Natur der Erde schon sehr lieb gewinnen. Alles Land wurde genau vermessen und gigantische Gebäude aus Stein errichtet. Auch in Babylonien, wo die urpersische Himmelskunde der Tradition nach fortgesetzt wurde, baute man riesige steinerne Beobachtungstürme, wie es uns z. B. in der Bibel als der Turmbau zu Babel überliefert ist. Das Interesse galt dabei vor allem der Welt und der Volksgemeinschaft, weniger dem Leben des Einzelnen.

Erst mit dem Einzug des rückläufigen Frühlingspunktes in den Kraftbereich einer neuen Himmelsrichtung begann die Hinlenkung der Aufmerksamkeit jedes einzelnen Menschen auf sich selbst. Nun erst konnte sich ein Persönlichkeits- und Ich-Bewusstsein entwickeln. Doch es blieb die Erinnerung erhalten, dass der Mensch aus dem Kosmos und einer seelisch-geistigen Welt heraus auf die Erde versetzt wird und die Menschengestalt von den Füßen bis zum Haupte durch das harmonische Zusammenwirken der Kräfte aus den zwölf Himmelsrichtungen aufgebaut wird. Der menschliche Leib als äußerer Ausdruck der Persönlichkeit rückte nun in den Mittelpunkt des Interesses. Rudolf Steiner erläuterte hierzu:

„Wenn Sie ein altes Widderbild sehen [siehe Abbildung 3], so werden Sie nämlich doch darauf kommen, dass es da nicht die naturalistisch-materialistische Abbildung eines Widders ist, worum es sich handelt, sondern das Charakteristische ist immer, dass der Widder zurückblickt, und das, die Gebärde, ist die Hauptsache. Dieses Zurückblicken des Widders, das ist die Hauptsache dabei. Und dieses Zurückblicken des Widders, das ist in dem Zurückblicken des Menschen auf sich selbst gegeben, in diesem Zurückblicken auf das Universum, das in ihm lebt. Man darf also nicht naturalistisch-materialistisch bloß auf den Widder hinschauen. Es soll nicht in diesem Sinne ein Abbild sein, sondern die Gebärde des Zurückblickens ist es, worauf es ankommt.“ [12]

„Als die Sonne eintrat in das Sternbild des Widders oder Lammes, da erschien auch in den Sagen und Mythen der Völker der Widder als etwas Bedeutsames. Das Widderfell [das goldene Vlies] holt Jason von Kolchis herüber. Der Christus Jesus selbst bezeichnet sich als das Lamm Gottes, und er wird dargestellt in der ersten Zeit des Christentums symbolisch als das Lamm am Fuße des Kreuzes.“ [13]

---

[12] GA 208 „Anthroposophie als Kosmosophie – Teil 2“, Dornach, Vortrag vom 28.10.1921.

[13] GA 54 „Die Welträtsel und die Anthroposophie“, Berlin, 12.04.1906.

Abbildung 3:
Rudolf Steiners Skizze
zum hellsichtig geschauten Bild eines Widders

Des weiteren wurde Christus dargestellt als der Hirte, welcher die Lämmer, d. h. die Menschen des Widderzeitalters, führt. Zugleich wurde er als der Heiland erlebt, der alles wieder ins Gleichgewicht bringt, was die Menschen durch unrechtmäßiges individuelles Handeln bewirkt haben. Die Menschen sollten nun auch die Fähigkeit zur Selbstbeurteilung durch Rückblick auf die eigenen Taten entwickeln und durch Prüfung, inwiefern das eigene Handeln dem Wohle der Allgemeinheit dient oder ihm schadet. Diese abwägende Kraft strömte ihnen aus jenem Raumbereich zu, der dem des Widderbildes am Himmel genau gegenüber liegt. Sie hatte in den Menschenseelen der Vorzeit das imaginative Bild einer Waage hervorgerufen. So kam nach und nach das Gewissen als innere Stimme zum Vorschein, für die es erst seit dem Widder-Zeitalter ein Wort in der griechischen Sprache gibt.

„Da können wir gleichsam mit Händen greifen, wie das Gewissen für die Dichtkunst erobert wird. Wir sehen, wie Äschylos [525 – 456 v. Chr.], der große Dichter, noch nicht vom Gewissen spricht, während Euripides [ca. 480 – 406 v. Chr.], sein Nachfolger, schon davon spricht. Wenn wir dies vor Augen haben, können wir verstehen, warum menschliches Denken,

menschliches irdisches Wissen auch nur ganz langsam sich hinaufarbeiten konnte zu einem Begriff vom Gewissen. Die Kraft, die im Gewissen wirkt, hat auch gewirkt in alten Zeiten, wo sich die Bilder, welche die Wirkungen der Taten des Menschen darstellten, dem hellseherischen Schauen zeigten." [14]

An die Stelle der Bilder rächender Furien trat nun das Gewissen. Doch die Waage-Kräfte befähigten die Menschen auch dazu, die menschliche Gestalt in höchster Schönheit und Harmonie darzustellen. Wie lebendig und naturgetreu sehen doch die griechischen Menschenskulpturen aus im Vergleich zu den starren, karikaturenhaften Standbildern der alten Ägypter, Babylonier und Chaldäer. Dagegen war inzwischen deren anfangs noch lebendiges, durch hellsichtige Seelenschau erlangtes Wissen vom Kosmos und den Kräften der zwölf Himmelsrichtungen zur bloßen Tradition erstarrt.

Als Ptolemäus im 2. Jahrhundert nach Christus seinen astronomischen Almagest und sein astrologisches Tetrabiblos schrieb, war es schon lange nicht mehr möglich gewesen, die ätherischen Tierkreisbilder als Imaginationen zu schauen. An die Stelle des Schauens trat nunmehr ein verstandesmäßiges Erfassen der Welt. So wurde es zur Aufgabe der griechisch-römischen Kultur, die ursprünglich auf imaginativen Schauungen beruhenden Bilder und Überlieferungen mit dem Verstand zu durchdringen und in begrifflicher Form zu verarbeiten. Die Menschen sollten als nächstes die Verstandesseele entwickeln.

Ptolemäus nahm für seine Werke die Schriften des einige Jahrhunderte vor ihm verstorbenen Hipparch von Nicäa (ca. 190 v. Chr. bis ca. 120 v. Chr.) zur Grundlage. In seinem Almagest[15] schreibt er gleich zu Beginn des 7. Buches, dass *„Hipparchs Aufzeichnungen über die Fixsterne,*

---

[14] GA 59 „Metamorphosen des Seelenlebens – Pfade der Seelenerlebnisse" Teil 2, Berlin, Vortrag vom 05.05.1910.

[15] Almagest, ein Hauptwerk der antiken griechischen Astronomie (deutsche Übersetzung von Karl Manitius, Verlag B. G. Teubner, 1913).

die wir vorzugsweise zur Vergleichung herangezogen haben, uns in tadelloser Fassung überliefert sind.“ Hipparch war offenbar der erste Grieche, der überhaupt einen umfassenden Sternkatalog erstellt hat, denn Ptolemäus teilt uns auch mit, dass Hipparch *„nur ganz wenige vor seiner Zeit angestellte Beobachtungen der Fixsterne vorfand, fast nur die von Aristyll[16] und Timocharis[17] aufgezeichneten, und auch diese weder zweifellos sicher noch zuverlässig bearbeitet.“*

Die Griechen fingen offensichtlich erst im 2. Jahrhundert vor Christus an, eine wissenschaftliche Astronomie zu betreiben. Hierfür zogen sie Verbindungslinien zwischen einzelnen Sternen, um auf diese Weise ihre jeweilige Position klar beschreiben und wieder auffinden zu können. Zum Beispiel gab Hipparch die Position eines Sternes in der Sternkonstellation des Dreiecks, welches über dem Widder gelegenen ist, mit folgenden Worten an: *„Der vorangehende Stern (β Triangulum) an der Grundlinie des Dreiecks weicht einen Zoll östlich von einer Geraden ab, welche durch den Stern (α) am Maule des Widders und den linken Fuß (γ Alamak) der Andromeda geht.“*

An dieser Formulierung ist ersichtlich, dass es damals bereits eine Tradition gab, nach welcher man die in den Jahrtausenden vorher imaginativ geschauten Bilder nun, nachdem diese Schauungen nicht mehr möglich waren, durch rein gedankliche und verstandesmäßige Betrachtung in karikaturenhafte Linienfiguren umgesetzt hatte. Hierbei bestanden offenbar durchaus verschiedene Ansichten. Ptolemäus war zum Beispiel der Meinung, dass α Arietis entgegen der Meinung Hipparchs nicht am Maule des Widders, sondern über dessen Kopf stünde. In seinem Sternkatalog beschreibt er α Arietis daher mit den Worten: *„Der über dem Kopf, den Hipparch an die Schnauze (bzw. ans Maul) setzt.“*

---

[16] Aristyllos (um 261 v. Chr.), griech. Astronom

[17] Timocharis von Alexandria (ca. 320 – 260 v. Chr.), griech. Astronom und Philosoph

Der Vorwurf der modernen Astronomie, die Menschen der Antike hätten phantasievolle Bilder an den Himmel projiziert, ist demnach zumindest teilweise berechtigt, jedoch erst für die Zeit als die unmittelbare Schau der imaginativen Tierkreis-Bilder längst nicht mehr möglich war. Damals übertrugen die Griechen zahlreiche Gestalten ihrer eigenen Mythologie wie z. B. die Andromeda, den Herkules, Perseus, Pegasus usw. auf außerhalb des Tierkreises liegende Sterngruppen und gaben auch einzelnen Sternen die Namen griechischer Helden. Indem sie zwei nahe bei einander stehende helle Sterne nach den Zwillingsbrüdern Castor und Pollux benannten, trugen sie dazu bei, dass das ursprünglich imaginativ geschaute Tierkreis-Bild eines Menschenpaares den griechischen Namen Δίδυμοι (Didimoi, lat. Gemini), d. h. Zwillinge, erhielt. Auf diese und ähnliche Weise wurde vieles von dem alten Wissen verändert und der Vorstellungswelt der Griechen angepasst.

Bezüglich des Phänomens der Verschiebung des Frühlingspunktes war man sich noch sehr im Unklaren. Hipparch vermutete zunächst, die auf der Ekliptik liegenden Sternkonstellationen seien gar keine echten Fixsterne, sondern beweglich. Ptolemäus berichtet hierüber, dass *„nach der ersten Hypothese, welche Hipparch aufstellt, ausschließlich die Sterne des Tierkreises den Fortschritt in der Richtung der Zeichen bewerkstelligten.“* [18] Hipparch dachte sich demnach den Frühlingspunkt zunächst als feststehend und statt seiner die Sterngruppen des Tierkreises als sich vorwärts bewegend, wodurch der Frühlingspunkt sich nur scheinbar rückwärts bewegte. Damals wusste man eben weder von der Verursachung dieser Bewegung durch eine langsame Drehung der Erdachse, noch war man sich über die Geschwindigkeit im Klaren, mit der sich der Frühlingspunkt dadurch gegenüber dem Tierkreis verschob. Hipparch äußerte in seiner Schrift „Über die Länge des Jahres“ die auf einem Vergleich seiner eigenen Messungen mit überlieferten älteren Messwerten beruhende Vermutung: *„Wenn nämlich aus diesem Grunde die Wenden*

---

[18] Almagest, 7. Buch, 1. Kapitel

und die Nachtgleichen in einem Jahre mindestens 1/100° gegen die Richtung der Zeichen zurückgingen, so müssten sie in 300 Jahren mindestens 3° zurückgegangen sein." Ptolemäus schloss sich im 2. Kapitel des 7. Buches seines Almagest dieser Vermutung an, wonach sich der Frühlingspunkt erst nach 100 Jahren um 1° im Tierkreis zurückbewegen würde. Erst im 16. Jahrhundert nach Christus erkannte Kopernikus die Bewegung der Erdachse als Ursache für die Präzession des Frühlingspunktes.[19] Jedoch konnte er aufgrund der ihm vorliegenden überlieferten Daten nur zu dem Schluss kommen, dass diese Bewegung nicht gleichmäßig, sondern mal schneller und mal langsamer verlaufe. So ungenau waren die erhalten gebliebenen Messergebnisse der antiken Astronomen. Erst neuere Messungen des 19. und 20. Jahrhunderts konnten eine Bewegung um 1° pro 72 Jahren belegen.

Hieran zeigt sich deutlich, mit welchen großen Unsicherheiten die antike Astronomie und Astrologie behaftet war. Die verloren gegangene Möglichkeit der früheren hellsichtigen, inneren Seelenschau der Tierkreis-Bilder und dazu noch die Unkenntnis darüber, wie weit der Frühlingspunkt bezogen auf die Sternkonstellationen der Ekliptik in den vergangenen Jahrhunderten bereits rückwärts gewandert war, brachten eine enorme Ungewissheit in das damalige astronomisch-astrologische Weltbild. Man konnte sich letztlich nur auf lückenhafte Überlieferungen stützen und eine Tradition, welche über die beobachtete Verschiebung am Sternenhimmel keine hinreichende Auskunft gab. Neues Wissen musste erst mühsam erarbeitet werden.

Im Sternenkatalog des Almagest (7. und 8. Buch) ging Ptolemäus von der Position des Frühlingspunktes nahe dem schwach leuchtenden Stern π Piscium (Pi Piscium)[20] aus. Obwohl dieser zu der als Fische bezeichneten Konstellation gezählt wurde, gab Ptolemäus als ekliptikale

---

[19] Nicolaus Copernicus, „De Revolutionibus", 1. Buch, 11. Kapitel, Nürnberg, 1543.

[20] „Piscium" ist der Genitiv Plural des lateinischen Wortes Pisces für Fische.

Länge 0° 10' ♈ an. Er sah, dass der Stern seiner ekliptischen Länge nach bereits im Bereich der benachbarten Sternkonstellation des Widders stand, was nicht ungewöhnlich war, da sich mehrere der physisch sichtbaren Sternkonstellationen der Ekliptik überlappen. Sie waren auch von ganz unterschiedlicher Größe und deshalb keineswegs deckungsgleich mit den 30° breiten traditionellen astrologischen Tierkreiszeichen gleichen Namens.

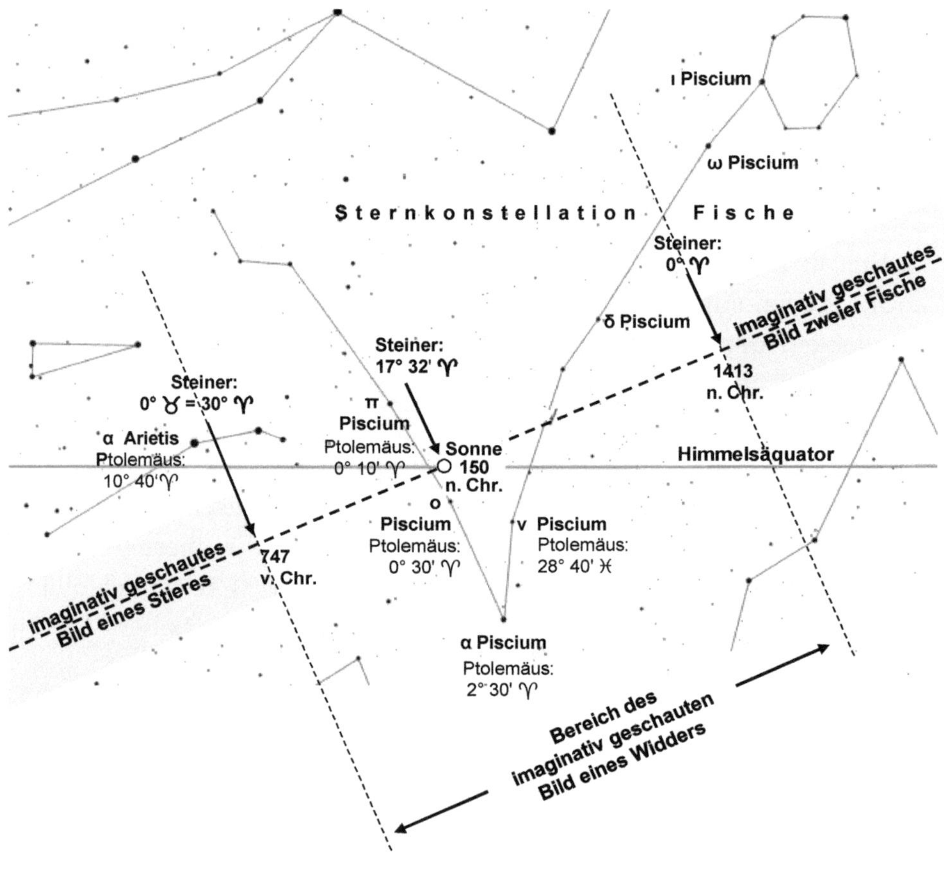

Abbildung 4:
Bereich des imaginativ geschauten Widder-Bildes,
das weit in den Bereich der später als Fische (Pisces)
bezeichneten Sternkonstellation hineinragte

Nach Rudolf Steiners Angaben zog die Sonne im Jahre 747 v. Chr. bei Frühlingsbeginn in jenen Raumbereich des Himmels ein, dessen Kräfte in den Seelen einstmals das imaginativ geschaute Bild eines Widders hervorgerufen hatten. Sie ging damals nahe α Arietis (arabisch Hamal = Hammel oder Lamm) auf, dem Hauptstern des Widders[21]. Er befindet sich folglich nahe 0° ♉ oder 30° ♈, sodass sich dieser Stern als physisch sichtbare Grenzmarke am Himmel zwischen den Kraftbereichen des Stieres und des Widders verwenden ließ. Ptolemäus gab die Position von α Arietis in seinem Almagest mit 10° 40' ♈ an. Bezüglich dieses Sternes wich er somit um 20° von Rudolf Steiners Angaben ab (siehe Abbildung 4).

Ptolemäus lebte von ca. 100 n. Chr. bis 160 n. Chr. Den Almagest dürfte er etwa um das Jahr 150 n. Chr. geschrieben haben. Selbst wenn es ein Jahrzehnt früher gewesen wäre, hätte das für eine Bestimmung der Position des Frühlingspunktes zu Lebzeiten des Ptolemäus keine Bedeutung, weil es 72 Jahre dauert, bis dieser sich auch nur um 1 Grad weiter bewegt hat. Vom Beginn des Widderzeitalters im Jahre 747 v. Chr. an bis zum Jahre 150 n. Chr. vergingen 747 + 150 = 897 Jahre. Teilt man diese Zahl durch 72, erhält man daraus die Anzahl Grade, welche der Frühlingspunkt seit Beginn des Widderzeitalters im Bereich des imaginativ geschauten Widder-Bildes bis zum Jahr 150 n. Chr. rückwärts gelaufen ist. Es sind 12,4583°. Da der Frühlingspunkt aus dem Bereich des imaginativ geschauten Stier-Bildes kommend rückläufig in den Bereich des Widder-Bildes einzog, muss man diese Zahl von 30° ♈ abziehen und erhält dadurch 17,5417° ♈ oder ca. 17° 32' ♈ als die Position des Frühlingspunktes im Bereich des einstmals hellsichtig geschauten Widder-Bildes im Jahre 150 n. Chr. Ptolemäus gab im Sternenkatalog des Almagest für die dieser Position nahe gelegenen Sterne π Piscium und o Piscium 0° 10' ♈ respektive 0° 30' ♈ an. Seine Angaben weichen

---

[21] Die Abbildungen 4 und 5 wurden mit der astronomischen Freeware KStars erstellt. Damit wurden auch alle in diesem Kapitel aufgeführten Positionen des Frühlingspunktes errechnet.

in diesem Fall immerhin noch um mehr als ein halbes Tierkreiszeichen von der aus Rudolf Steiners Aussagen resultierenden Position ab (siehe Abbildung 4).

Bestimmt man die Position des Frühlingspunktes für das Jahr 2907 v. Chr., mit dem laut Rudolf Steiner das dem Widder-Zeitalter vorangehende Stier-Zeitalter begann, zeigt sich, dass damals die Sonne bei Frühlingsanfang an der Ekliptik über dem hell leuchtenden Aldebaran oder α Tauri aufging, dem Hauptstern der physischen Sternkonstellation Stier. Er war offenbar die sichtbare Grenzmarke am Himmel zwischen dem Kraftbereich des Menschenpaares bzw. der Zwillinge, den der Frühlingspunkt gerade vollständig durchwandert hatte, und dem Kraftbereich des Stieres, in welchen der Frühlingspunkt rückwärts laufend nun einzog.

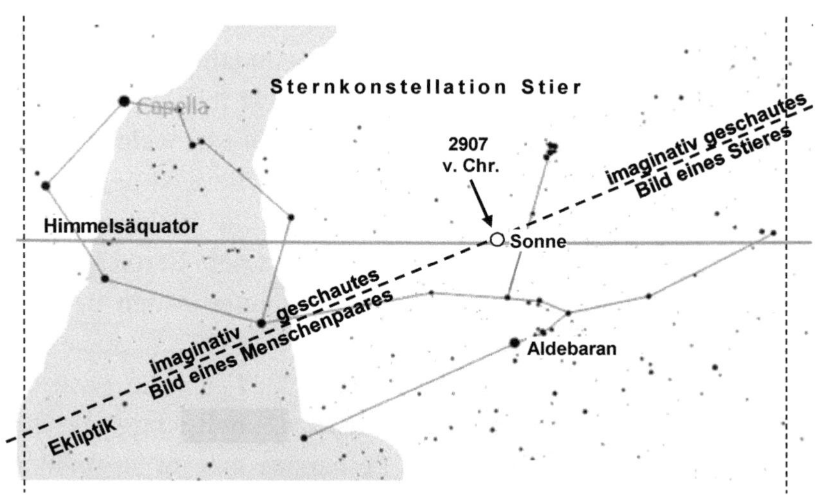

Abbildung 5: Die Sonne im Frühlingspunkt über Aldebaran, dem Hauptstern der als Stier bezeichneten Sternkonstellation
(Der graue Schatten links stellt die Milchstraße dar.)

Berechnet man die Positionen des Frühlingspunktes in Schritten von jeweils 2.160 Jahren für den gesamten Tierkreis, ergibt sich für den Beginn des Zwillings- und Krebszeitalters keine auffällige Nähe zu einem besonders hellen Stern der Konstellationen Zwillinge und Krebs. Allerdings liegen die hellsten Sterne der Zwillinge, welche die Griechen Castor und Pollux tauften, ganz am Rande der Sterngruppe, und die Konstellation des Krebses enthält keine auffällig hellen Sterne.

Die benachbarte Konstellation des Löwen präsentiert sich dagegen am Nachthimmel mit dem hell leuchtenden Regulus oder α Leonis. Mit ihm zusammen in enger Konjunktion ging zum Frühlingsanfang des Jahres 9387 v. Chr. die Sonne auf. Regulus kennzeichnete die Grenze zum vorangehenden imaginativen Tierkreisbild Jungfrau.

Ähnlich auffällige Sterne finden sich für die Grenzen Schütze/Skorpion mit dem hellstrahlenden Antares oder α Scorpii, für Steinbock/Schütze mit ε Sagittarii, dem hellsten Stern der Gruppe, obwohl er nicht mit dem Buchstaben α bezeichnet ist, für Wassermann/Steinbock mit den nahe beieinander stehenden, immerhin zweithellsten Sternen $α^2$ und β Capricorni und für Fische/Wassermann mit α Aquarii, dem ebenfalls zweithellsten Stern. Sie dienten offenbar wie α Arietis (Hamal) und α Tauri (Aldebaran) als für physische Augen sichtbare Grenzmarken am Himmel, mit welchen sich die Menschen im vorangehenden ägyptisch-babylonischen Zeitalter, als das alte Hellsehen zunehmend verblasste, den Übergang von einem Kraftbereich des Tierkreises zum nächsten gekennzeichnet hatten.

In der Sternkonstellation Jungfrau fällt die Grenze zwischen den imaginativen Himmelsbildern und Kraftbereichen Waage und Jungfrau mehr in den Anfangsbereich (nahe η Virginis), während die hell leuchtende Spica (α Virginis) mehr im Endbereich der Sterngruppe steht. Da diese Gruppe sehr langgestreckt ist, liegt die Grenze des Himmelsbildes der Waage zum Skorpion noch im Bereich der Sternkonstellation

Jungfrau. Sie liegt nahe bei ι (iota) Virginis und damit näher an der Spica als an dem ersten Stern der Waage-Gruppe.

Für das imaginativ geschaute Tierkreisbild der Fische wurde die Grenzmarke zum vorangehenden Kraftbereich des Widders bereits als zwischen den unauffälligen Sternen δ und ω Pisicum liegend angegeben (siehe Abbildung 4, S. 30). Im Jahr 2020 war der Frühlingspunkt schon bis nahe an den Stern ι (iota) Piscium weitergewandert.

Zusammenfassend finden sich für die Kraftbereiche Widder, Stier, Löwe, Skorpion, Schütze, Steinbock und Wassermann jeweils hell leuchtende Sterne am Himmel als Grenzmarken zum jeweils vorangehenden Zeichen. Bei den Kraftbereichen Zwillinge, Krebs, Jungfrau, Waage und Fische ist das nicht der Fall. Insgesamt gibt es somit sieben helle Grenzmarken und fünf dunkle. Dieses Verhältnis entspricht einem okkulten Gesetz, wonach das Verhältnis zwischen Licht und Finsternis im Kosmos generell 7:5 beträgt. Im Tierkreis kommt das auch noch in anderer Weise zum Ausdruck, z. B. in der Aufteilung in sieben helle und fünf dunkle Sternbilder, wie Rudolf Steiner erklärte:

„so haben Sie: Widder, Stier, Zwillinge, Krebs, Löwe, Jungfrau, Waage; sieben Himmelszeichen für die helle Seite. Fünf für die dunkle Seite: Skorpion, Schütze, Steinbock, Wassermann, Fische. Tag, Nacht.“[22]

---

[22] GA 183 „Die Wissenschaft vom Werden des Menschen“, Dornach, Vortrag vom 25.08.1918.

Konsequenzen für die Astrologie

Der erste Schritt bei der Erstellung eines Horoskopes ist die Berechnung und Zeichnung desselben. Als Ptolemäus sein astrologisches Werk Tetrabiblos schrieb, war er im Einklang mit Hipparch und der astronomisch-astrologischen Tradition seiner Zeit der Auffassung, die überlieferten zwölf imaginativ geschauten Tierkreis-Bilder würden sich mit den physisch sichtbaren Sternkonstellationen decken. Der Aufgang der Sonne zu Frühlingsbeginn im Grenzbereich zur Konstellation Fische passte bestens zu der Vorstellung, dass dort 0° ♈ sei. Entsprechend war der Frühlingspunkt schon in der Frühzeit der griechischen Kultur zum „Widderpunkt" geworden.

Die spätere westliche Astrologie hat diese Auffassung des Tierkreises als den sogenannten „tropischen Tierkreis" beibehalten und den Frühlingspunkt unveränderlich bei 0° Widder fixiert, worauf die Reihe der zwölf Tierkreis-Zeichen folgt. Der Begriff „tropisch" bezieht sich auf die Tagundnachtgleiche- und Sonnenwendepunkte. Die östliche Astrologie nimmt dagegen die physisch sichtbaren Sternkonstellationen, den so genannten „siderischen Tierkreis" zur Berechnungsgrundlage. Beide stimmten zur Zeit des Ptolemäus noch im Wesentlichen überein, denn für die damaligen Astrologen gab es zunächst keinen Anlass die Präzessionsbewegung des Frühlingspunktes zu berücksichtigen. Seine Position änderte sich schließlich erst nach 72 Jahren um gerade mal 1 Grad. Hätte man auf diese Verschiebung Rücksicht nehmen wollen, würde man sich ohnehin verrechnet haben, da die Nachfolger von Hipparch und Ptolemäus sicherlich deren Vermutung gefolgt wären, wonach es 100 Jahre brauche, bis der Frühlingspunkt 1 Grad durchwandert habe.

Ein weiteres nicht bekanntes Faktum war, dass sowohl die zwölf Himmelsabschnitte des tropischen Tierkreises wie auch die des siderischen Tierkreises nicht mit den Positionen der imaginativ geschauten Himmelsbilder übereinstimmten, welche Ausdruck der so verschieden wirkenden Kräfte der zwölf Raumrichtungen waren. Die Griechen selbst konnten keine imaginativen Himmelsbilder mehr schauen. Sie mussten sich auf die wenigen Informationen aus chaldäisch-babylonischer Tradition verlassen, die ihnen noch vorlagen. Diese enthielten jedoch schon damals nur noch Bruchstücke und auch bereits Verfälschungen des ursprünglichen Wissens. In ähnlicher Weise war das ursprüngliche Wissen um die Reinkarnation der Menschen, welches sich noch bis in die Zeit der urpersischen Kultur erhalten hatte, im Verlaufe der ägyptisch-chaldäisch-babylonischen Kultur zur Lehre der „Seelenwanderung" entstellt worden, wonach die Menschen sich auch in Tieren, selbst der niedrigsten Stufe, inkarnieren würden. So ließ es sich gar nicht vermeiden, dass sowohl in Bezug auf die Astrologie als auch in Bezug auf die Wiedergeburtslehre viel Falsches und Unwahres von der dritten an die vierte Kultur weitergegeben wurde. Rudolf Steiners Urteil lautet diesbezüglich:

„Ein solcher Nachklang uralter Weisheit, auf den der heutige Naturforscher mit Achselzucken herabsieht, hat sich auch in dem, was man Astrologie nennt, in verstümmelter, törichter Weise erhalten, führt aber dennoch zurück auf die Urweisheit der Menschheit." [23]

Die griechische Astrologie war demzufolge schon früh zu einem nur teilweise richtigen und leider darüber hinaus auch noch ganz unbeweglichen, starren Gebilde geworden. Sie wurde Opfer der allgemeinen Tendenz jeder Traditionsbildung, einige Gegebenheiten zu zementieren, andere zu negieren und erforderliche Veränderungen unberücksichtigt zu lassen. Dennoch deckten sich die zwölf Kraftbereiche mit den von Hipparch und Ptolemäus angenommenen Tierkreiszeichen in jener Zeit wenigstens teilweise, sodass wir annehmen dürfen, dass es doch immer

---

[23] GA 56 „Die Erkenntnis der Seele und des Geistes", Berlin, Vortrag vom 26.03.1908.

wieder Fälle gab, bei denen sich astrologische Vorhersagen bestätigten. Es galt wohl schon für die alten Griechen, was Rudolf Steiner über die Zeit Keplers im Ausgange des Mittelalters sagte und was sicherlich auch heute noch ebenso gültig ist:

„Gewiss, in einer unendlich großen Anzahl von Fällen muss zugegeben werden, dass das Frappierende des Eindruckes, den man von der Bewahrheitung astrologischer Vorhersagungen haben kann, einfach darauf beruht, dass man durch das Eintreten einer solchen Vorhersagung überrascht ist und das Übereinstimmende behält u n d   d a r ü b e r   v e r g i s s t ,   w a s   n i c h t   e i n g e t r o f f e n   i s t.“[24]

Wer sich, wie der Autor dieses Buches, jahrzehntelang ernsthaft mit Astrologie beschäftigt hat, wird bei gründlicher Seelenprüfung zugeben müssen, dass die Neigung, nicht eingetroffene Vorhersagen beiseite zu schieben, andererseits eingetretene Vorhersagen freudig im Gedächtnis zu bewahren, doch sehr groß ist. Im Mittelalter hat man darüber hinaus, um die Dinge passend zu machen, zusätzlich Geburtszeitkorrekturen durchgeführt, was dem berühmten Kepler, der wie viele Astronomen seiner Zeit immer wieder um astrologische Auskunft ersucht wurde, allerdings gar nicht behagte. Rudolf Steiner kommentierte dieses Geschehen mit den Worten:

„Demgegenüber muss aber gesagt werden, dass Kepler ein durchaus ehrlicher Mann war und gar nicht gern so etwas tat, wie die Geburtsstunde korrigieren. Aus dem Brief, den Kepler damals darüber an Wallenstein schrieb, fühlt man heraus, dass er es nicht gerne tat und einen solchen Vorgang nicht empfehlen konnte, denn wenn man so etwas vornimmt, könnte man ja dadurch alles mögliche in dieser Weise feststellen.“[25]

---

[24] GA 61 „Menschengeschichte im Lichte der Geistesforschung“, Berlin, Vortrag vom 09.11.1911.

[25] Ibidem.

Nach Rudolf Steiners Aussagen war der Frühlingspunkt bis zum Jahre 1413 durch den gesamten Bereich des imaginativ geschauten Widder-Bildes rückwärts gewandert und bei 0° ♈ angekommen. Nun war erst wirklich zum „Widderpunkt" geworden. Auf diese Weise kamen im 15. Jahrhundert die astrologisch wirksamen Kraftbereiche der ursprünglich imaginativ geschauten Tierkreis-Bilder mit den Tierkreiszeichen des tropischen Tierkreises zur Deckung. Das kam den mittelalterlichen Astrologen selbstverständlich zu Gute, wenngleich sie gar nichts von diesem Vorgang wussten. Bis zur Mitte des 16. Jahrhunderts bewegte sich der Frühlingspunkt um ca. 2° rückwärts in den Kraftbereich der Fische hinein, d. h. bis zu 28° Fische. Dadurch ergab sich noch immer eine wesentlich günstigere Situation als sie für die alten Griechen bestand. Deren Tradition pflegte man unbeirrt weiter und behielt bei der Auflistung der täglichen Planetenpositionen in den Ephemeriden den „tropischen" Tierkreis mit seinem unverrückbaren Frühlingspunkt bei. Die Position der Sonne wurde bei Frühlingsanfang am 21. März stets mit 0° ♈ angegeben, obwohl sie noch im Kraftbereich der Fische aufging und erst zwei Tage später den des Widders erreichte.

Mit zunehmendem zeitlichen Abstand zum Jahre 1413 nahm die vorübergehend vorhanden gewesene Übereinstimmung der einstmals hellsichtig geschauten und im Sinne der Astrologie wirksamen Kraftbereiche mit den Zeichen des tropischen Tierkreises wieder ab. Bei der Erstellung eines Horoskopes hätte deshalb stets die Präzession des Frühlingspunktes berücksichtigt werden müssen, denn er verschob sich bald schon deutlich weiter rückläufig in den Kraftbereich der Fische hinein. In Abbildung 6 sind die für die Zeit nach 1413 resultierenden Verschiebungen tabellarisch angegeben.

Für die Geburt eines Menschen im Jahre 1917 zum Frühlingsanfang am 21. März, findet man in den Ephemeriden, welche auf dem unbeweglich starren Modell des tropischen Tierkreises der traditionellen westlichen Astrologie beruhen, als Position der Sonne und damit des Frühlingspunktes 0° Widder. Tatsächlich befanden sich beide aber noch im astrologisch wirksamen Kraftraum der Fische und zwar bei 30° minus 7°, d. h. bei 23° ♓. Ein Mensch, der am 21. März 1917 geboren wurde, war astrologisch gesehen folglich gar nicht „Widder", sondern „Fisch". Für im Jahre 1953 Geborene betrug die Abweichung bereits 7,5°. Der Frühlingspunkt war bis 22,5° ♓ zurückgewandert. Für 1989 Geborene sind 8° und für in den Zwanziger Jahren des 21. Jahrhunderts Geborene sogar 8,5° Verschiebung zu berücksichtigen, denn der Frühlingspunkt ist inzwischen bei ca. 21,5° ♓ angelangt.

1413	0°	0° ♈		1809	5,5°	24,5° ♓
1449	0,5°	29,5° ♓		1845	6°	24° ♓
1485	1°	29° ♓		1881	6,5°	23,5° ♓
1521	1,5°	28,5° ♓		1917	7°	23° ♓
1557	2°	28° ♓		1953	7,5°	22,5° ♓
1593	2,5°	27,5° ♓		1989	8°	22° ♓
1629	3°	27° ♓		2025	8,5°	21,5° ♓
1665	3,5°	26,5° ♓		2061	9°	21° ♓
1701	4°	26° ♓		2097	9,5°	20,5° ♓
1737	4,5°	25,5° ♓		2133	10°	20° ♓
1773	5°	25° ♓		2169	10,5°	19,5° ♓
				2205	11°	19° ♓

Abbildung 6:
Verschiebungen und Positionen des Frühlingspunktes
seit dem Jahr 1413

Diese Verschiebung betrifft selbstverständlich nicht nur die Positionen der Sonne und des Frühlingspunktes im Tierkreis, sondern auch die aller übrigen Planeten. Entsprechend müsste von den in den Ephemeriden für das jeweilige Geburtsjahr angegebenen Positionen immer die in obiger Tabelle aufgeführte Anzahl von Graden abgezogen werden. Sonne und Planeten wären dann in der Horoskopzeichnung um diese

Strecke rückwärts versetzt einzutragen. Wird die Zeichnung per Computerprogramm erstellt und ausgedruckt, können alternativ die Grenzlinien zwischen den Tierkreiszeichen um die entsprechende Gradzahl verschoben mit einem Stift eingetragen werden. Bei um das Jahr 1990 Geborenen wäre in 8° eines jeden Zeichens die Grenzlinie zum vorherigen Zeichen einzutragen. Dadurch würde sich z. B. der Kraftbereich der Fische bis 8° Widder erstrecken. 0° Widder in der vorgefertigten Horoskop-Zeichnung entspräche dann 23° Fische. Der Kraftbereich des Widders würde entsprechend bis 8° Stier reichen, der Kraftbereich des Stieres bis 8° Zwillinge, usw.

Da jeder Grad im Tierkreis etwa einem Tag des Sonnenlaufes entspricht, beginnt der astrologisch wirksame Kraftbereich des Widders schon seit den Achtziger/Neunziger Jahren des 20. Jahrhunderts nicht mehr am 21. März, wie es nach der traditionellen „tropischen" Regel gehandhabt wird, sondern erst 8 Tage später, am 29. März, aufgrund der Verschiebung um 8° nach obiger Tabelle. Das hat zur Folge, dass heutzutage die astrologisch wirksamen Krafträume der Tierkreisbilder fast mit den kalendarischen Monaten zusammenfallen. Der Widder beginnt inzwischen gerade mal zwei Tage vor dem 1. April. Sein Kraftbereich ist mit dem Monat April schon fast deckungsgleich geworden. Er wird dies sogar immer mehr werden im Laufe der nächsten zwei Jahrhunderte. Im Jahre 2205 wird sich der Frühlingspunkt um 11° gegenüber 0° Widder verschoben haben, sodass dann der Widder erst 11 Tage nach dem 21. März beginnen wird: am 1. April.

Die bisherige Nichtberücksichtigung dieses Umstandes in der traditionellen Astrologie mag der Grund dafür sein, dass man gelegentlich Menschen begegnen kann, die einem versichern, dass die astrologischen Aussagen über ihr angebliches Sternzeichen bei Ihnen definitiv nicht zutreffen, sie sich aber mit den Eigenschaften des vorangehenden Zeichens recht gut beschrieben finden.

Das Erstellen einer Horoskopzeichnung ist jedoch nur der erste Schritt einer astrologischen Betrachtung. Sie ist lediglich die Grundlage für den zweiten Schritt: die Deutung des Horoskopes. Hierbei dürfte der Verlust ursprünglichen Wissens noch viel größer sein als bei der Bestimmung der Raumbereiche der Tierkreiskräfte, da viele Deutungsregeln, wie etwa jene, die Ptolemäus in seinem Tetrabiblos beschrieb, schon ein zur Karikatur erstarrtes und entstelltes spätes Produkt der Traditionsbildung waren. Rudolf Steiners strenges Urteil, wonach sich das ursprüngliche Wissen *„in dem, was man Astrologie nennt, in verstümmelter, törichter Weise erhalten"* habe[26], erscheint daher voll gerechtfertigt, und zwar nicht nur weil die Fähigkeit zur inneren, imaginativen Seelenschau längst verloren gegangen war, sondern auch weil die Menschenseele zur wahren Deutung eines Horoskopes von den drei höheren Bewusstseinsstufen der Imagination, Inspiration und Intuition[27] die am schwierigsten zu erlangende letztgenannte und höchste Stufe entwickeln muss, was heutzutage nur den allerwenigsten Menschen im Rahmen eines länger währenden Einweihungsprozesses möglich ist.

„Die wirkliche Astrologie ist aber eine ganz i n t u i t i v e Wissenschaft und erfordert bei dem, der sie ausüben will, die Entwickelung höherer übersinnlicher Erkenntniskräfte, welche heute bei den allerwenigsten Menschen vorhanden sein k ö n n e n. [...] Es hat nun in den Geheimschulen Menschen gegeben und gibt noch solche, welche in diesem Sinne Astrologie treiben können. Und was in den zugänglichen Büchern darüber steht, ist auf irgendeine Art doch einmal von solchen Geheimlehrern ausgegangen. Nur ist alles, was über diese Dinge handelt, dem landläufigen Denken

---

[26] GA 56 „Die Erkenntnis der Seele und des Geistes", Berlin, Vortrag vom 26.03.1908.

[27] Die Begriffe Imagination, Inspiration und Intuition sind hier nicht in ihrer landläufigen Bedeutung gemeint, sondern als Bezeichnungen höherer Bewusstseinsstufen im Sinne der Ausführungen Rudolf Steiners in seinem Buch „Wie erlangt man Erkenntnisse der höheren Welten?" (GA 10).

auch dann unzugänglich, wenn es in Büchern steht. Denn um diese zu ver-
stehen, gehört selbst wieder eine tiefe I n t u i t i o n . Und was nun gar den
wirklichen Aufstellungen der Lehrer von solchen nachgeschrieben worden
ist, die es selbst nicht verstanden haben, das ist natürlich auch nicht gera-
de geeignet, dem in der gegenwärtigen Vorstellungsart befangenen Men-
schen eine vorteilhafte Meinung von der Astrologie zu geben. Aber es muss
gesagt werden, dass dennoch selbst solche Bücher über Astrologie nicht
ganz wertlos sind. Denn die Menschen schreiben um so besser ab, je weni-
ger sie das verstehen, was sie abschreiben, Sie verderben es dann nicht
durch ihre eigene Weisheit. So kommt es, dass bei astrologischen Schriften,
auch wenn sie noch so dunklen Ursprungs sind, für denjenigen, welcher
der I n t u i t i o n fähig ist, immer Perlen von Wahrheit zu finden sind –
allerdings n u r für einen solchen.“ [28]

Welcher Astrologe unserer Zeit kann schon von sich behaupten, dass
er diese Voraussetzungen erfülle. Astrologische Deutungen können
heutzutage lediglich vorsichtige Versuche einer Deutung sein und werden selbst im besten Falle allenfalls Bruchstücke der Wahrheit hervorbringen können. Dagegen wird die Versuchung groß sein, Regeln zu
verwenden, die sich nur *„in verstümmelter, törichter Weise erhalten“*
haben, und sich bei Bedarf sogar zusätzliche Regeln zu schaffen, damit
das Ergebnis die Erwartungen besser befriedigen möge. Zu diesem
Zweck sind in den letzten Jahrhunderten eine ganze Reihe verschiedener astrologischer „Schulen“ entstanden, von welchen jede selbstverständlich davon überzeugt ist, die besten und zutreffendsten Resulta-
te bei der Erstellung und Deutung von Horoskopen liefern zu können.

---

[28] GA 34, Zeitschrift „Lucifer-Gnosis“, 1903 – 1908, S. 396, zur Frage „Wie
verhält sich die Theosophie [frühere Bezeichnung für die Anthroposophie]
zur Astrologie?“

Die Dauer der Zeitalter

In seinen vielen Vorträgen hat Rudolf Steiner gelegentlich Angaben zur Dauer der Zeitalter gemacht im Zusammenhang mit dem Umlauf des Frühlingspunktes, d. h. des Sonnenaufgangspunktes bei Frühlingsbeginn, durch den gesamten Tierkreis. Eine seiner diesbezüglichen Aussagen lautet zum Beispiel:

„Die Sonne macht einen Kreislauf. In 25 920 Jahren macht sie einen Kreislauf um die ganze Welt herum." [29]

Diesen Kreislauf bezeichnet man als ein „platonisches Jahr" oder ein „Weltenjahr". Geht man von einer gleichmäßigen Bewegung des Frühlingspunktes durch den gesamten Tierkreis aus, resultiert daraus für ein einzelnes Tierkreiszeichen ein Zwölftel der genannten Zeit. Das sind 2.160 Jahre. Im selben Vortrag gab Rudolf Steiner dazu folgende Erklärung:

„Also wenn wir 2.160 Jahre zurückgehen, ist sie im Widder aufgegangen; wenn wir noch 2.160 Jahre zurückgehen, ist sie im Stier aufgegangen, noch 2.160 Jahre zurück in den Zwillingen; noch 2.160 Jahre zurück im Krebs. [...] Aber wenn wir jetzt in die Zukunft gehen, so werden wir ja wiederum einmal die Sonne in der Waage haben; denn jetzt geht sie in den Fischen auf, nach 2.160 Jahren im Wassermann, dann im Steinbock, im Schützen, im Skorpion und wiederum einmal in der Waage."

Bei anderer Gelegenheit sprach er:

„Dann kommt ein viertes Zeitalter, das sich im Süden Europas entwickelte, das Zeitalter der griechisch-lateinischen Kultur. [...] Auch das

---

[29] GA 349 „Vom Leben des Menschen und der Erde – Über das Wesen des Christentums", Dornach, Vortrag vom 17.02.1923.

Römertum gehört dazu. Es ist eine Epoche, die anfängt etwa im 8. Jahrhundert, 747 vor Christus, und die dauerte bis zum 14. und 15. Jahrhundert, 1413 nach Christi Geburt. Von da ab haben wir den fünften Zeitraum, in dem wir uns befinden." [30]

Von 747 v. Chr. bis 1413 n. Chr. sind es genau 2.160 Jahre. Dieses und das vorangehende Zitate könnten zu der Annahme verleiten, ein Zeitalter oder eine Kultur würde immer 2.160 Jahre dauern. In einem Vortrag aus dem Jahre 1920 hat Rudolf Steiner Anfang und Ende der fünf nachatlantischen (nacheiszeitlichen) Kulturen mit folgenden Jahreszahlen genauer bezeichnet: [31]

I	Urindisch	von 8167 bis 5567 vor Christus
II	Urpersisch	von 5567 bis 2907 vor Christus
III	Ägyptisch-chaldäisch	von 2907 bis 747 vor Christus
IV	Griechisch-lateinisch	von 747 v. Chr. bis 1413 n. Chr.
V	Jetzt	von 1413 bis ...

Nur für die ägyptisch-chaldäische Kultur und die griechisch-lateinische Kultur, welche dem Stier- und Widder-Zeitalter entsprechen, wurde hier eine Dauer von 2.160 Jahren angegeben. Bei der vorherigen urpersischen Kultur, dem Zwillingszeitalter, sind es 5567 - 2907 = 2.660 Jahre. Bei der noch älteren urindischen Kultur sind es 8167 - 5567 = 2.600 Jahre.[32] Zur genauen Dauer unserer fünften Kultur bzw. des Fische-Zeitalters machte Rudolf Steiner hier keine Äußerung. Die von ihm selbst an die Tafel geschriebenen Zahlen könnten auf den ersten

---

[30] GA 106 „Ägyptische Mythen und Mysterien", Leipzig, Vortrag vom 02.09.1908.

[31] GA 196 „Geistige und soziale Wandlungen in der Menschheitsentwicklung", Dornach, Vortrag vom 16.01.1920.

[32] In frühen Vorträgen nannte Rudolf Steiner 2.600 Jahre als Dauer eines Zeitalters, so z. B. in GA 93a „Grundelemente der Esoterik", Berlin, Vorträge vom 03.10.1905 und 08.10.1905. Später gab er als durchschnittliche Dauer der Zeitalter stets 2.160 Jahre an.

44

Blick als Widerspruch zu seinen oben zitierten Aussagen empfunden werden, wo stets von 2.160 Jahren die Rede ist.

Der Widerspruch klärt sich jedoch rasch auf, wenn man berücksichtigt, dass Rudolf Steiner dort vom Jahre 1923 an rechnete, als er sagte: *„wenn wir 2.160 Jahre z u r ü c k g e h e n [d. h. vom Jahr des Vortrages an], ist sie [die Sonne bei Frühlingsbeginn] im Widder aufgegangen; wenn wir noch 2.160 Jahre zurückgehen, ist sie im Stier aufgegangen, …"* und *„denn jetzt geht sie in den Fischen auf, nach 2.160 Jahren im Wassermann, dann im Steinbock, …"*

Ziehen wir vom Jahre 1923 n. Chr. 2.160 Jahre ab, erhalten wir das Jahr 237 v. Chr. Es liegt innerhalb des für die IV. Kultur, das Widder-Zeitalter, angegebenen Zeitraums von 747 v. Chr. bis 1413 n. Chr. Ebenso verhält es sich mit den übrigen Angaben Rudolf Steiners. Zieht man vom Jahre 1923 mehrfach 2.160 Jahre ab, erhält man stets Jahreszahlen die zwischen Anfang und Ende der genannten Kulturen liegen:

1923 n. Chr. – 2.160 Jahre = 237 v. Chr.	Widder	Kultur IV:	747 v. Chr. bis 1413 n. Chr.
237 v. Chr. – 2.160 Jahre = 2397 v. Chr.	Stier	Kultur III:	2907 bis 747 v. Chr.
2397 v. Chr. – 2.160 Jahre = 4557 v. Chr.	Zwillinge	Kultur II:	5567 bis 2907 v. Chr.
4557 v. Chr. – 2.160 Jahre = 6717 v. Chr.	Krebs	Kultur I:	8167 bis 5567 v. Chr.

Somit besteht kein Widerspruch zwischen Rudolf Steiners Rechnung mit jeweils 2.160 Jahren und den von ihm angegebenen konkreten Jahreszahlen zur Dauer der einzelnen Kulturen oder Zeitalter.

Allerdings ergibt sich hieraus ein ganz anderes Problem. Wenn der Frühlingspunkt 12 x 2.160 Jahre, d. h. insgesamt 25.920 Jahre für einen vollständigen Umlauf durch den Tierkreis benötigt, zwei Zeitalter aber länger als 2.160 Jahre dauerten, dann müssen konsequenterweise andere Zeitalter um insgesamt genau dieselbe Zeit kürzer sein, welche die beiden anderen länger sind. Das Zwillingszeitalter dauerte mit 2.660 Jahren am längsten. Das vorhergehende Krebszeitalter war mit 2.600 Jahren etwas kürzer.

Das wirft die Frage nach der Ursache der unterschiedlichen Dauer der Zeitalter auf. Rudolf Steiner verbindet die Tierkreiskräfte ausdrücklich mit den zwölf Raumrichtungen, wie im 1. Kapitel ausführlich erläutert wurde. Die als Abbildung 1 (S. 10) gezeigte Skizze Rudolf Steiners enthält entsprechend sechs gleich große, einander gegenüberliegende schraffierte Flächen, stellvertretend für die zwölf Kraftbereiche des die Erde umgebenden Raumes. Hiernach sollte man davon ausgehen dürfen, dass diese Kraftbereiche alle gleich groß sind. Auch unabhängig von Rudolf Steiners Skizze verstehen wir unter Raumrichtungen eine gleichmäßige Unterteilung eines 360° umfassenden Kreises. Vermutlich hat Rudolf Steiners deshalb auch meist mit der durchschnittlichen Zahl von 2.160 Jahren gerechnet. Die Annahme, jene zwei Raumrichtungen, deren Kräfte die imaginativen Bilder eines Krebses und eines Menschenpaares (Zwillinge) in den Menschenseelen früherer Zeit hervorriefen, würden einen breiteren Raum am Himmel einnehmen als die anderen, erscheint daher eher unwahrscheinlich.

Ebenso wenig lassen sich die unterschiedlichen Ausmaße der Sternkonstellationen Zwillinge und Krebs für die verschiedene Dauer des Zwillings- und Krebszeitalters verantwortlich machen, da die tatsächlichen Kraftbereiche des Tierkreises gar nicht mit den physisch sichtbaren Sternkonstellationen identisch sind, wie in den vorangegangenen Kapiteln ausführlich dargelegt wurde. Darüber hinaus zählt die Sternkonstellation Krebs am Himmel eher zu den kleineren Sterngruppen als zu den größeren. Damit ließe sich allenfalls eine kleinere, aber auf keinen Fall eine so große Dauer des Krebszeitalters rechtfertigen, wie sie Rudolf Steiner angab. Dasselbe gilt für die Sternkonstellation Widder. Auch sie hat nur eine geringe Ausdehnung am Himmel. Wesentlich größer ist die benachbarte Sternkonstellation Stier. Dennoch hat Rudolf Steiner für das Stierzeitalter und das Widderzeitalter exakt die gleiche Dauer von 2.160 Jahren genannt.

Grundsätzlich wäre denkbar, dass jeder der für physische Augen unsichtbaren zwölf Kraftbereiche des Tierkreises ebenso eine ganz eigene Größe hat, wie dies bei den physisch sichtbaren Sternkonstellationen der Fall ist. Dann müsste aber jeder Kraftbereich seine ganz eigene, individuelle Größe haben. Das ist offensichtlich nicht der Fall, denn nach Rudolf Steiners Aussagen sind die Kraftbereiche von Stier und Widder genau gleich groß, da der Frühlingspunkt in beiden Fällen 2.160 Jahre brauchte, um diese rückwärtig zu durchlaufen.

Unabhängig davon würde eine größere Ausdehnung der Kraftbereiche Zwillinge und Krebs den Beginn des Löwen und der sich anschließenden Tierkreisbilder um gut die Hälfte eines Kraftbereiches verschieben. Denn für das 2.660 Jahre dauernde Zwillingszeitalter müsste statt des Kraftbereiches von 30° ein solcher von 37° angenommen werden und für das 2.600 Jahre dauernde Krebszeitalter ein solcher von 36°.[33] 7° plus 6° ergibt 13°. Dazu kämen aufgrund der präzessionsbedingten Verschiebung aller zwölf Kraftbereiche zusätzliche 8°, wie im vorangehenden Kapitel ausführlich beschrieben. Letztlich resultiert hieraus eine Verschiebung von insgesamt 21°. Astrologisch hätte das zur Folge, dass zwei Drittel des traditionellen Tierkreiszeichens Löwe noch zum Kraftbereich des Krebses gehören würden, ebenso zwei Drittel des Tierkreiszeichens Jungfrau noch zum Tierkreiszeichen Löwe, und so weiter bis ein oder mehr Kraftbereiche folgen würden, die wesentlich schmaler wären als der Durchschnitt von 30°, um die größere Ausdehnung der Zwillinge und des Krebses zu kompensieren. Am Ende dürfen schließlich nicht mehr als 12 x 2.160 = 25.920 Jahre herauskommen, da der Frühlingspunkt in dieser Zeit nach der Aussage Rudolf Steiners den gesamten Tierkreis durchwandert. Eine derartige starke Verschiebung erscheint doch eher unwahrscheinlich und lässt sich auch durch Horoskope nicht bestätigen.

Wenn aber die Raumbereiche der zwölf Tierkreiskräfte nicht verschieden groß sind, dann ist eine unterschiedliche Dauer der Zeitalter

---

[33] Zwillingszeitalter: 2660/2160 = 1,23 und 1,23 x 30° = 36,94°.
Krebszeitalter: 2600/2160 = 1,20 und 1,20 x 30° = 36,09°.

nur möglich, wenn sich der Frühlingspunkt mit unterschiedlicher Geschwindigkeit durch den Tierkreis bewegt. Aus Rudolf Steiners Angaben zur Dauer der Zeitalter würden sich somit Konsequenzen für die Astronomie ergeben. Das soll im Folgenden einer näheren Betrachtung unterzogen werden.

Konsequenzen für die Astronomie

Der Frühlingspunkt und der Herbstpunkt sind die beiden Schnittpunkte des Himmelsäquators mit der Ekliptik. In Abbildung 2 (S. 15) ist das anschaulich dargestellt. Die Erdachse steht senkrecht über dem Mittelpunkt der Ebene des Himmelsäquators. Verändert sie ihre Position hat das eine unmittelbare Auswirkung auf den Himmelsäquator. Dreht sich die Erdachse im Kreise, so bewegen sich die beiden Schnittpunkte mit. Frühlingspunkt und Herbstpunkt wandern dann entsprechend entlang der Ekliptik. Wie schnell sich beide Schnittpunkte bewegen, hängt von der Geschwindigkeit ab, mit der sich die Erdachse dreht.

Als Kopernikus im 16. Jahrhundert diesen Zusammenhang erstmals erkannte und in seinem Buch „De Revolutionibus" beschrieb[34], konnte er aufgrund der ihm vorliegenden historischen Daten, insbesondere der von Ptolemäus in seinem Almagest mitgeteilten, nur zu der Auffassung gelangen, die Drehung der Erdachse, welche die Rückwärtsbewegung des Frühlingspunktes durch den Tierkreis bewirkt, erfolge mit unterschiedlicher Geschwindigkeit. Kopernikus ging von der Annahme aus, seine Vorgänger hätten ihre Messwerte mit aller gebotenen Sorgfalt ermittelt und er könne ihnen daher vertrauen. Erst die moderne Astronomie konnte nachweisen, dass dieses Vertrauen nicht gerechtfertigt war. Einer der Gründe dafür waren sicherlich die Schwierigkeiten, mit denen astronomische Messungen grundsätzlich verbunden sind. Die Genauigkeit der Messergebnisse hängt nicht nur von der Sorgfalt des Beobachters ab, sondern ganz wesentlich auch von der Qualität der verwendeten Instrumente. Die antiken und mittelalterlichen Astronomen mussten sie entweder selbst erst herstellen oder nach ihren

---

[34] Nicolaus Copernicus, „De Revolutionibus", 1. Buch, 11. Kapitel, Nürnberg, 1543.

Vorgaben von einem Handwerker anfertigen lassen. Hierin liegt ein wesentlicher Quell für ungenaue Messergebnisse.

Heute geht die Astronomie davon aus, dass sich der Frühlingspunkt in 72 Jahren um 1° im Tierkreis rückwärts bewegt. Diese Auffassung vertritt auch Rudolf Steiner, zumindest was die letzten fünftausend Jahre der Menschheitsgeschichte angeht. Für das Stierzeitalter oder die ägyptisch-chaldäische Kultur sowie für das Widderzeitalter oder die griechisch-lateinische Kultur gibt er eine Dauer von jeweils 2.160 Jahren an. Geht man davon aus, dass die Kraftbereiche von Stier und Widder sich über jeweils 30° des gesamten Tierkreises erstrecken, erhält man 2.160 Jahre / 30 = 72 Jahre für die Zeit, die der Frühlingspunkt benötigt, um 1° des Tierkreises zu durchwandern.

Ob die dafür verantwortliche Geschwindigkeit, mit der sich die Erdachse dreht, wirklich konstant ist, kann heute kein Astronom mit ausreichender Sicherheit sagen. Aus vorägyptischer oder vorbabylonischer Zeit liegen uns keinerlei Daten vor, und selbst wenn dies der Fall wäre, müsste deren Zuverlässigkeit doch sehr in Frage gestellt werden. Alle Aussagen der modernen Astronomie über die Positionen des Frühlingspunktes in früheren Kulturen der Menschheit beruhen daher allein auf Rückrechnungen unter Verwendung der heutigen Geschwindigkeit der Drehung der Erdachse, welche eben als konstant angesehen wird.

Tatsächlich sind die heutigen Kenntnisse über die an der Erde wie an den anderen Planeten beobachtbaren Bewegungen aber noch sehr lückenhaft. Eine solche Aussage mag überraschen, da wir uns doch im Zeitalter der Weltraumfahrt befinden und Sonden zu Planeten und Asteroiden schicken, die zweifellos ihr Ziel erreichen. Hier liegt jedoch ein ganz anderer Tatbestand zugrunde. Bei den Raumfahrzeugen und Raumsonden überblicken die Wissenschaftler sehr genau die in diesen wirksamen Kräfte, da sie alles selbst entwickeln und konstruieren müssen. Bei den Planeten ist das aber keineswegs der Fall. Wir finden sie „fertig konstruiert" vor und können nur durch Beobachtung versuchen herauszufinden und zu verstehen, wie und warum sie sich so verhalten, wie sie es tun.

Seit Kant und Laplace[35] ihre Theorien über die Entstehung unseres Planetensystems veröffentlicht haben, herrscht die Überzeugung vor, die Bildung unseres Planetensystems beruhe allein auf einer zentripetal wirkenden Anziehungskraft, der Gravitation, und einer zentrifugal wirkenden Kraft, der Fliehkraft. Das Problem hierbei ist jedoch, dass weder eine Kraft, die alles zu einem Mittelpunkt hin zieht, noch eine Kraft, die in entgegengesetzter Richtung wirkt, eine Bewegung zustande bringen kann, die im rechten Winkel zu beiden Kraftrichtungen steht. Körper, die nur diesen beiden Kräften unterworfen sind, können sich nur entweder auf den Mittelpunkt zubewegen oder sich von ihm entfernen, je nachdem, welche der beiden Kräfte überwiegt. Sie können sich aber unmöglich auf Kreisbahnen, elliptischen oder in sonstiger Weise gearteten Bahnen um einen Mittelpunkt herumbewegen.[36] Hierzu bedarf es einer Kraft, die in ganz anderer Richtung wirkt.

Auch hätte ein Körper, der den beiden zentripetal und zentrifugal wirkenden Kräften ausgesetzt ist, keinerlei Anlass, sich selbst in Rotation zu versetzen. Im Gegenteil: Die Wissenschaft erklärt die sehr langsame Eigenrotation des Mondes (ca. 27,3 Tage), welcher der Erde immer dieselbe Seite zuwendet, gerade mit der Gravitationswirkung der Erde. Demnach bremst die Gravitation jede Drehung und bringt sie keineswegs hervor. Weder der Lauf der Planeten um die Sonne noch die Eigenrotation der Planeten lassen sich deshalb mithilfe der Kant-Laplace-Theorie erklären. Ganz offensichtlich sind hier weitere Kräfte am Werke, die der heutigen Wissenschaft noch völlig unbekannt sind.

---

[35] Immanuel Kant (1724–1804), deutscher Philosoph, und Pierre-Simon Laplace (1749–1827), französischer Mathematiker, Physiker und Astronom.

[36] Rudolf Steiner schreibt den Planeten eine lemniskatische Bewegung zu (siehe Fußnote 7, Seite 15).

Alles, was wir über die Bewegung der Erdachse wissen, beruht auf Beobachtungen und Messungen der letzten Jahrhunderte. Über das Verhalten der Erdachse vor einigen Jahrtausenden liegen uns keine gesicherten Daten vor. Es ist deshalb durchaus möglich, dass die Drehgeschwindigkeit der Erdachse über längere Zeiträume gesehen nicht konstant ist, sondern mal schneller und mal langsamer verläuft. Wäre dem so, ließe sich die von Rudolf Steiner angegebene längere Dauer des Zwillings- und Krebszeitalters durch eine langsamere Bewegung der Erdachse mit daraus resultierender langsamerer Präzession des Frühlingspunktes erklären.

Das am Ende des Kapitels „Die Astronomie der alten Griechen" beschriebene Ergebnis, wonach einige besonders helle Sterne des Nachthimmels seit der Antike als physisch sichtbare Grenzmarken zwischen einigen Krafträumen des Tierkreises dienen, bleibt von der Möglichkeit einer langsameren Bewegung der Erdachse unberührt. Eine Strecke von 30° im Tierkreis würde dann eben in mehr Jahren zurückgelegt werden. Letztlich blieben es aber dennoch 30°, die zu durchlaufen sind. Die Grenzmarken darstellenden hellen Sterne des Nachthimmels könnten ihre Aufgaben somit weiterhin erfüllen. Selbstverständlich müsste aber von einer allmählich zunehmenden Verlangsamung der Drehung der Erdachse, beginnend vermutlich irgendwann im Krebszeitalter bis ins Zwillingszeitalter hinein, und einer nachfolgenden allmählichen Beschleunigung ausgegangen werden, sodass bis zum Stierzeitalter wieder die durchschnittlichen 2.160 Jahre erreicht werden konnten. Das müsste durch einen umgekehrten Vorgang beim Durchgang des Frühlingspunktes durch die Krafträume Steinbock und Schütze, welche im Tierkreis dem Krebs und den Zwillingen gegenüberstehen, ausgeglichen werden: durch eine allmähliche Beschleunigung mit nachfolgender allmählicher Verlangsamung.

Auf den ersten Blick mag eine solche Geschwindigkeitsveränderung unwahrscheinlich erscheinen. Berücksichtigt man jedoch, dass nicht nur in der irdischen, sondern auch in der außerirdischen Natur viele Vorgänge rhythmisch verlaufen, wie etwa die schnellere Bewegung der Planeten in Sonnennähe und ihre langsamere Bewegung in Sonnenferne, dann mag die Vorstellung einer rhythmischen Veränderung der Geschwindigkeit der Drehung der Erdachse schon weniger abwegig sein.

Wir wissen heute noch nicht einmal, ob die Drehung der Ellipsenbahnen, die sogenannte Perihel- oder Apsidendrehung, die bei der Merkurbahn zwar am auffälligsten, aber in geringerem Maße doch bei allen Planetenbahnen festzustellen ist, in der Geschwindigkeit konstant ist, oder ob auch sie einem Rhythmus folgt. Ebenso könnten die Entfernungen der Planeten zur Sonne über den Zeitraum von Jahrtausenden betrachtet, rhythmischen Schwankungen unterliegen. Es ist vieles noch ungeklärt, was die Planetenbewegung angeht, so auch, wie schon erwähnt, die ganz grundsätzliche Frage, welche Kraft die Planeten auf ihren Bahnen überhaupt antreibt und welche andere sie dazu veranlasst, sich in Eigenrotation um sich selbst zu drehen. Auch die Frage, weshalb die Bahnen der Planeten unterschiedliche Neigungen haben, wird wohl noch lange auf eine Antwort warten müssen. Offensichtlich sind sehr viel mehr Kräfte am Aufbau und den Abläufen eines Planetensystems beteiligt als die moderne Naturwissenschaft sich bisher einzugestehen bereit ist.

Der Einfluss der Tierkreiskräfte auf die Kulturentwicklung Europas

Die Möglichkeit eines Einflusses der Tierkreiskräfte auf die kulturelle Entwicklung der Menschheit kann durch die moderne Naturwissenschaft nur verneint und als Aberglaube abgetan werden, da sie schon die Existenz solcher Kräfte überhaupt verneint. Der Raum wird nach allen Himmelsrichtungen hin als gleichwertig und nicht hinsichtlich der in ihm wirksamen Kräfte als qualitativ differenziert vorgestellt. Dass Vorgänge im Kosmos, wie etwa die Präzession des Frühlingspunktes im Tierkreis, nicht nur einen physikalischen, sondern auch einen seelisch-geistigen Einfluss auf die Menschheit ausüben könnten, ist aus naturwissenschaftlicher Sicht heute noch nicht nachvollziehbar, allein schon aus dem Grunde, weil man ohnehin nur das Physische als objektive Realität anerkennt und alles Seelisch-Geistige als subjektiv und deshalb unwirklich einstuft.

Dennoch kann niemand leugnen, dass die Völker der Antike und vorangehender Zeiten in ihren Kulturen deutliche Merkmale aufweisen, die auf einen solchen Einfluss hindeuten. Allein die Verehrung des Stieres in der dritten Kultur, die nicht nur im Apis-Kult der Ägypter oder im Mitras-Kult Kleinasiens ihren Ausdruck fand, sondern selbst noch heute ihre Nachwirkung zeigt in der Verehrung von Rindern als heilige Tiere in Indien oder der Tradition des Stierkampfes in Spanien, sind unübersehbare Hinweise auf einen Einfluss des Durchgangs des Frühlingspunktes durch den Raumbereich jener Tierkreiskraft, die in den Seelen der Menschen vorhistorischer Zeit das Bild eines Stieres hervorrief. Die gegenüberliegende Tierkreiskraft, welche zeitgleich als Gegenpol wirkte, wurde ursprünglich bildlich als ein adlerähnlicher Vogel gesehen. Der massive Stier und der hochfliegende Adler waren und sind imaginativer

Ausdruck des Gegensatzes von irdischem Stoff und himmlischem Geist. Zwischen diesen beiden Prinzipien pendelt der Mensch in seinem Inkarnationskreislauf hin und her. Ist er ganz Geist, so ist er leiblos, d. h. ohne Stoff. Wie der Adler von der Erde zum Himmel aufsteigt, so erhebt sich der Geist beim Tode aus dem Stoff. Dann steigen Seele und Geist des Verstorbenen in himmlische Welten auf.

Durch diesen Zusammenhang zwischen Geist und Tod wandelte sich im alten Ägypten das Bild des Adlers zu dem des Geiers, der sich von totem Stoff ernährt und oben am Himmel im Lichte der Sonne seine Kreise zieht. In späteren Traditionen wurde der Geier zum todbringenden Skorpion. Entsprechend spielte im alten Ägypten der Totenkult eine so große Rolle. Wir können diese Kultur überhaupt nur verstehen, wenn wir sie in dem Zwiespalt ihrer Hinwendung zur materiellen Außenwelt, der Beherrschung der irdischen Kräfte (Stier) einerseits und ihrer außerordentlichen Sorge um das Leben nach dem Tode (Geier oder Skorpion) andererseits betrachten.

Auf den dritten Zeitraum der ägyptischen Kultur folgte als vierter Zeitraum die Persönlichkeitskultur der Griechen und Römer. Sie stand unter dem Einfluss jener Tierkreiskraft, welche in den Seelen der Menschen früherer Zeiten das Bild eines auf sich selbst zurückblickenden Widders hervorrief. Dieser neue Einfluss fand damals seinen Ausdruck im Mythos vom Goldenen Vlies oder Widderfell, in der Bevorzugung von Lammfleisch bei den Hebräern und Arabern, in der Bezeichnung von Christus als Lamm Gottes oder seiner Darstellung als der gute Hirte, welcher die Herde der Lämmer, d. h. die Menschheit des Widderzeitalters, führt. Im Zusammenwirken der Tierkreiskraft des Widders mit der gegenüberliegenden Tierkreiskraft der Waage kam es zur Ausbildung des Privatrechtes und überhaupt einer Weiterentwicklung des Rechts in der römischen Kultur. Beide spielten bei der Erziehung und Bildung der Menschen damals eine bedeutsame Rolle, wie Rudolf Steiner berichtet:

„Diese allgemeine Menschenbildung ändert sich ja von Zeitraum zu Zeitraum. Heutzutage, nicht wahr, sind wir schon unglücklich, wenn unsere Kinder zehn Jahre alt geworden sind und gewisse Dinge noch nicht rechnen können. Die Römer waren es noch gar nicht. Aber sie waren unglücklich, wenn ein solcher Junge die Zwölftafelgesetze noch nicht gekannt hat, während wir wieder weniger Sorgfalt darauf verwenden, dass unsere Kinder die Gesetzesbestimmungen kennen." [37]

Noch heute finden wir als Nachwirkung aus jener Zeit Skulpturen der Justitia mit der Waage in vielen Gerichtsgebäuden. Auch Christus wurde als der große Weltenrichter dargestellt, der für den Ausgleich sorgt zwischen den berechtigten Ansprüchen des Individuums und jenen der Allgemeinheit, zwischen dem Einzelmenschen und der gesamten Menschheit. Leider wird dieser Einfluss aus dem vierten Kulturzeitraum heutzutage von manchen traditionellen Religionsgemeinschaften dazu missbraucht, über Menschen zu richten und sie als Sünder abzustempeln, wenn sie nicht in ein starres Raster überholter Denkweisen passen. Teilweise spricht man ihnen sogar das Daseinsrecht ab und rechtfertigt im Extremfall ihre Ermordung. Hierin zeigt sich, wie ursprünglich berechtigte Einflüsse der Tierkreiskräfte immer der Gefahr unterliegen, von den Menschen im Laufe der Jahrhunderte uminterpretiert und im Rahmen erstarrender Traditionsbildung geradezu ins Gegenteil verkehrt zu werden.

Im Jahre 1413 begann wiederum eine neue Kulturentwicklung. Ihr Zentrum liegt im nördlich der Pyrenäen und Alpen gelegenen Teil Europas. Schon viele Jahrhunderte vorher bereitete sich diese Kultur vor unter dem Einfluss des alten Römertums und des Christentum als Staatsreligion. Auf den Einfluss der Tierkreiskraft des Widders folgte nun im fünften Kulturzeitraum jener der Fische. Der klare Blick des Widders richtete sich noch stark auf die äußere Sinneswahrnehmung.

---

[37] GA 194 „Die Sendung Michaels – Die Offenbarung der eigentlichen Geheimnisse des Menschenwesens", Dornach, Vortrag vom 06.12.1919.

Die Tierkreiskraft des Wasserzeichens Fische wirkt dagegen mehr auf das innere Seelenleben, indem sie dazu anregt, Bilder in der Seele zu entwickeln. Die Fische sind ein visionäres Zeichen und unter ihrem Einfluss werden die Menschen ganz allmählich wieder ein inneres Bildersehen erlangen, ein imaginatives Bewusstsein, diesmal jedoch unter voller Beibehaltung des wachen Tages- und Ich-Bewusstseins. An die Stelle des alten passiven, traumhaften Hellsehens wird eine neue Art aktiven, bewussten Hellsehens treten. Noch ist diese Entwicklung ganz in ihren Anfängen. Sie äußert sich zunächst in einer Intensivierung des Vorstellungslebens. Die Vorstellungen und inneren Bilder der Seele sind anfangs noch so flüchtig und schwer zu fassen wie Fische im Wasser. Viele Menschen sind sich der Entwicklung dieser neuen inneren Erlebnisebene noch gar nicht wirklich bewusst. Andere nehmen sie zwar bereits wahr, fühlen sich dadurch aber beunruhigt, verunsichert oder gar verängstigt, weil sie nicht verstehen, was sich da in ihren Seelen regt. Durch die Anthroposophie wissen wir, dass sich hier langsam und schleichend die Fähigkeit einer neuen Bewusstseinsart, der Imagination, entwickelt, die uns den Zugang zur nächsthöheren Daseinsebene, der ätherisch-astralen Welt, ermöglichen wird.

Heute herrscht noch die Meinung vor, in der Antike hätten sich die Leute sehr phantasievoll ihre Vorstellungen über die Welt ausgedacht und erst wir modernen Menschen seien zu einer realistischen Betrachtungsweise vorangeschritten. Im Grunde genommen ist jedoch das Gegenteil der Fall. Die Menschen der Antike blickten sehr genau auf die äußere Welt. Sie dachten nicht so abstrakt und intellektuell über die Dinge nach, wie wir das heute tun. Vielmehr hatten sie das Empfinden, dass die äußeren Eindrücke außer dem Sinnesbild auch noch die dazugehörigen Gedanken und Begriffe in ihrem Bewusstsein entstehen ließen. Was sie sich sonst noch hinzugedacht haben, waren die Überlieferungen aus vorangehenden Kulturen. Ihre Mythologien beruhten jedoch nicht auf irgendwelchen willkürlichen Phantasien, sondern auf realen, aber inneren Wahrnehmungen der früheren Menschheit. Bei den

Griechen wurden diese jedoch schon sehr überformt und ins Menschliche herabgezogen, da sie eben sehr in der äußeren Wahrnehmung und dem körperlichen Dasein in der physischen Welt lebten. In unserer heutigen, fünften Kultur dagegen sind wir, was die Sinneswahrnehmung angeht, sehr oberflächlich geworden. Unter dem Einfluss der den Fischen gegenüberliegenden Tierkreiskraft des Merkurzeichens Jungfrau entwickeln wir statt der Wahrnehmung eher den Intellekt und ein eigenständiges Denken. Doch dieses steckt noch ganz in den Anfängen seiner Entwicklung.

„Man sieht nur die Welt in gewisser Weise heute kurzsichtig an. Der heutige Bauer d e n k t mehr, als der griechische Philosoph gedacht hat. Dagegen wurde dazumal das Wahrnehmungsvermögen viel mehr ausgebildet. Der Mensch hing mit der ganzen Natur zusammen. Die Wahrnehmung war da dasselbe, was jetzt bei uns die Vorstellung ist. Heute wird ja das Wahrnehmen gar nicht mehr gelernt, nur von denen, die eine Schulung durchmachen. Es ist durchaus möglich, dass einer in dem, was er laboratoriumsmäßig lernt, weit kommt, und doch draußen sehr unerfahren ist, den Weizen nicht vom Roggen unterscheiden kann. So dass wir sagen können, dass die Menschen heute viel Vorstellungsvermögen haben, damals aber im Wahrnehmen geschult wurden. Daher können wir zwei Epochen unterscheiden: eine Epoche der Wahrnehmungen und eine der Vorstellungen." [38]

Der moderne, naturwissenschaftlich geschulte und entsprechend denkende Mensch lebt in Vorstellungen von Atomen und Elementarteilchen und so phantastischen Ideen wie dem angeblichen Urknall des Universums, das sich nach einer Ur-Explosion auf wundersame Weise und von ganz allein zur großen Weltordnung, dem Kosmos (griechisches Wort für Ordnung), gestaltet habe. Zur Unterhaltung geben wir uns Spielfilmen hin und die Jugend taucht in Computerspiele unter, die ihr

---

[38] GA 143 „Erfahrungen des Übersinnlichen – Die drei Wege der Seele zu Christus", Winterthur, Vortrag vom 14.01.1912.

phantastische Scheinwelten vorgaukeln. Manche Menschen möchten schon lieber in solchen Welten leben als in der profanen, realen Welt, und die Unterhaltungsindustrie arbeitet fleißig daran, diesen Wunsch immer besser erfüllen zu können. Statt in der eigenen Seele die Vorstellungskraft gemeinsam mit der Denkkraft zur nächsthöheren Bewusstseinsform, der Imagination, weiter zu entwickeln, lassen sich viele lieber von außen passiv berieseln. Die Zahl derer, welche chemische Drogen verwenden, um der Realität und den Aufgaben des Erdenlebens zu entfliehen, nimmt besorgniserregend zu. Doch wenn die neuen Kräfte, die in der Menschheit zum Vorschein kommen wollen, nicht aktiv ergriffen und in gesunder Weise entwickelt werden, zeigen sie sich eben in chaotischer Weise. Entsprechend steigt die Nachfrage nach psychologischer und medikamentöser Hilfe.

Die Anthroposophie ist uns hier eine große Stütze, indem sie uns über die seelischen Veränderungen im Laufe der verschiedenen Zeitalter und Kulturen aufklärt. Was man versteht, wirkt weniger beängstigend. Darüber hinaus wirken rein geistige Gedankeninhalte und Vorstellungen ordnend, beruhigend, kräftigend und gesundend auf das menschliche Seelenleben ein. Allmählich werden immer mehr Menschen davon profitieren. Die weitere Entwicklung im Verlauf unserer fünften Kultur wird sie geradezu in diese Richtung drängen.

Alle Entwicklung verläuft aber stets in vielen kleinen Schritten. So gliedern sich auch die einzelnen Zeitalter oder Kulturen in Abschnitte, denen jeweils ganz besondere Aufgaben zukommen und die entsprechend ihre ganz eigenen Ausdruckformen entwickeln. Die Historiker unterteilen beispielsweise den Zeitraum des letzten Jahrtausends in die Kulturabschnitte Romanik, Gotik, Renaissance, Barock und die Moderne oder das Industriezeitalter. Nimmt man die hierüber verfügbaren Informationen zunächst auf rein gedankliche Weise sorgfältig auf, mit der im heutigen Fischezeitalter ebenfalls wirkenden verstandesmäßigen Tierkreiskraft der Jungfrau, und lässt danach alles in meditativer Stimmung in der Seele wirken, so wandelt die zum künftigen Bildersehen führende Tierkreiskraft der Fische die Gedanken in bildhafte Vorstellungen um. Bei vielen Menschen mögen diese noch blass und unscheinbar sein, sodass sie diesen Vorgang möglicherweise noch nicht bemerken. Wer aber schon etwas darin geübt ist, sich in der Meditation selbst Bilder ins Bewusstsein zu stellen, kann mit dieser Kraft bereits aktiv umgehen, so anfänglich sie auch erst entwickelt sein mag. Man kann dann die einzelnen Kulturabschnitte in Form innerer Bilder wie auf einem Zeitstrahl vor seinem inneren Auge vorüberziehen lassen. Dabei enthüllt sich der Betrachtung, dass auch die einzelnen Abschnitte eines Zeitalters in ihren Qualitäten ganz getreu der Reihenfolge der Tierkreiskräfte folgen und es gerade diese sind, welche den Abschnitten ihr jeweiliges Gepräge geben.

Sie lassen sich zeitlich genauer bestimmen, wenn man die von Rudolf Steiner angegebene durchschnittliche Dauer der Zeitalter von 2.160 Jahren einfach durch 12 teilt. Hieraus ergeben sich 12 Abschnitte von jeweils 180 Jahren. Will man nun die Kulturentwicklung Europas im Verlaufe der letzten tausend Jahre genauer betrachten, braucht man nur noch, um dem Jahr 1000 n. Chr. nahe zu kommen, vom Jahr 1413, dem Beginn des Fischezeitalters, zweimal 180 Jahre abzuziehen. Als Resultat erhält man das Jahr 1053. Es entspricht dem Beginn des zweitletzten Abschnitts des Widderzeitalters.

Die Menschen in Europa lebten damals sehr naturbezogen. Die Erde mit ihren natürlichen Gaben wurde als Geschenk Gottes betrachtet und die europäische Kultur wurde wesentlich von den christlichen Klöstern geprägt. Diese hatten alle ihre Klostergärten, nicht nur zum Anbau von Nahrungsmitteln, sondern auch zur Pflege und Kultivierung von Heilpflanzen angelegt. Die starke Natur- und Erdbezogenheit fand ihren Ausdruck selbst in der Architektur und Kunst der Romanik, welche nach einer vorbereitenden Phase etwa ab dem ersten Jahrhundert des neuen Jahrtausends eine beachtliche Blüte in der Hochromanik fand. Damals entstanden große, mehrschiffige Kirchen. Hierfür musste das Problem einer sicheren und stabilen Gewölbebildung gelöst werden. Es gelang in

Form gedrungener, wuchtiger, massiver, erdgebundener Basiliken mit ihren typischen Rundbögen. Alles war nach dem Prinzip der Sicherheit und Festigkeit gebaut. Gleichzeitig aber war man bestrebt, auch Schönheit zum Ausdruck zu bringen.

Nicht nur der Gartenbau wurde kultiviert, sondern auch das soziale Leben sollte nun kultivierter und schöner gestaltet werden. Das Ideal des mutigen und tatkräftigen, aber etwas raubeinigen Ritters des vorangehenden Kulturabschnittes sollte ersetzt werden durch das eines Ritters, der sich bei Hofe zu benehmen weiß, eines Ritters, der sich „höfisch" oder wie wir heute noch sagen „höflich" benimmt. Damit einhergehend wandelte sich das zuvor eher ungestüme Liebeswerben der Ritter, das vor allem auf direkte „Eroberung" aus war, in eine kultiviertere Form, die sogenannte „Minne" oder höfische (höfliche) Liebe. Sie wurde ab der zweiten Hälfte des 11. Jahrhunderts in Literatur, Gesang und Malerei zum zentralen Thema.

Das alles sind Eigenschaften, wie sie im Tierkreis der Kraft des Erd- und Venuszeichens Stier entsprechen. Bis ins 13. Jahrhundert hinein dauerte diese Blütezeit der Romanik. Ihr Name verweist darauf, dass sie noch Teil der römischen Kultur des vierten Zeitalters war. Es war deren zweitletzter Abschnitt und wir können die 180 Jahre währende Zeit von 1053 bis 1233 als den Stier-Abschnitt des allmählich zu Ende gehenden Widderzeitalters bezeichnen:

1053 – 1233 n. Chr.   Hochromanik

Stierabschnitt (zweitletzer Abschnitt) des
Widderzeitalters

Dem Stier steht im Tierkreis der Skorpion gegenüber. Ähnlich wie bei den alten Ägyptern spielte daher auch im Stierabschnitt des Widderzeitalters der Totenkult eine besondere Rolle. Wichtigster Bestandteil eines jeden romanischen Domes war die Krypta, das Grab eines Heiligen oder zumindest hohen Würdenträgers. Unmittelbar darüber wurde der

Hauptaltar errichtet. Der Altar selbst hatte und hat auch noch heute in christlichen Kirchen die Form eines steinernen Sarges. Das ist nicht nur eine Nachahmung der Situation der frühen Christen in Rom, welche aufgrund ihrer Verfolgung sich zu ihren Gottesdiensten in unterirdische Katakomben zurückziehen mussten, wo sie ihre Toten bestatteten, sondern hat auch damit zu tun, dass die Tierkreiskräfte Stier und Skorpion mit den beiden Prinzipien von Leben und Tod in Verbindung stehen. Christus ist zwar nicht im Stierzeitalter der alten Ägypter durch den Tod gegangen und wieder zum Leben auferstanden, sondern erst im Widderzeitalter. Aber das Mysterium von Golgatha ereignete sich im fünften Abschnitt dieses Zeitalters, in welchem die Tierkreiskräfte des Skorpions (Tod) und seines Gegenzeichens Stier (Leben als ätherische Kraft) vorherrschten.

Diese Aussage mag zunächst vielleicht verwundern, denn Skorpion ist bekanntlich nicht das fünfte, sondern das achte Zeichen des Tierkreises. Hierbei muss jedoch berücksichtigt werden, dass der erste hundertachtzigjährige Abschnitt eines Zeitalters immer der Tierkreiskraft des Krebses untersteht. Ähnlich wie ein Mensch aus dem Mutterleib heraus geboren wird, beginnt auch eine neue Kultur stets unter dem Einfluss des Mutterzeichens Krebs.[39] Die ersten vier Abschnitte im Widderzeitalter von je 180 Jahren standen folglich unter der Herrschaft der Tierkreiskräfte Krebs, Löwe, Jungfrau und Waage. Mit dem Ablauf dieser vier Abschnitte ging das erste Drittel des Widderzeitalters zu Ende. Nun folgte der fünfte oder Skorpion-Abschnitt von 27 vor Christus bis 153 nach Christus. Nachdem auch hiervon das erste Drittel abgelaufen war, genau 60 Jahre nach seinem Beginn, ereignete sich im Jahre 33 nach Christus das Mysterium von Golgatha.

---

[39] Die biologische Evolution der Lebewesen auf der Erde beginnt ebenfalls mit der Tierkreiskraft Krebs (GA 300c „Konferenzen mit den Lehrern der Waldorfschule", Band 3, Konferenz vom 12.07.1923, 20 Uhr).

Hier zeigt sich bereits, dass die Reihenfolge der Tierkreiskräfte bei den kleinen, 180 Jahre dauernden Kulturabschnitten nicht der rückwärtigen Reihe entspricht, wie wir sie als Folge der Präzession des Frühlingspunktes bei den Zeitaltern vorfinden, sondern der normalen Reihenfolge im Jahreslauf. Die weiteren Betrachtungen zu den einzelnen Abschnitten der kulturellen Entwicklung Europas werden das bestätigen.

Eine neue Kultur oder ein neuer Kulturabschnitt beginnt sich immer schon lange vor dem eigentlichen Beginn schleichend vorzubereiten, ähnlich wie ein menschlicher Embryo im Leibe der Mutter. So erfolgte bereits in der zweiten Hälfte des Widderzeitalters die Vorbereitung des späteren Fischezeitalters auf dem Boden Europas nördlich der Pyrenäen und Alpen. In analoger Weise fand in der zweiten Hälfte des Kulturabschnittes der Hochromanik, welche von 1053 bis 1233 dauerte, bereits eine Vorbereitung des nächsten hundertachtzig Jahre dauernden Kulturabschnitts statt. In Frankreich entstanden damals die ersten Bauten eines neuen Stiles: der Gotik. Sie verbreitete sich ab der Mitte des 13. Jahrhunderts über Europa und erblühte zur sogenannten Hochgotik.

1233 – 1413 n. Chr.   Hochgotik

Zwillingsabschnitt (letzter Abschnitt) des Widderzeitalters

Von der gedrungenen Erdgebundenheit der Romanik ging man nun über zu einer in den Himmel strebenden Bauweise. Schlanke, hochragende Kathedralen erhoben sich von der Erde weg hoch in die Luft, und das Bestreben, durch gigantische Glasfenster soviel Licht als nur möglich in den Innenraum einströmen zu lassen, drängte die Tragkraft des Mauerwerks soweit zurück, dass die Wände der Kirchen außen durch ein fein ausgeklügeltes Strebewerk gestützt werden mussten. Deutlich kommt hier die Wirksamkeit einer neuen und ganz andersartigen Tierkreiskraft zum Ausdruck, die des Luft- und Merkurzeichens

Zwillinge. Wie Merkur, der Götterbote, in die Lüfte aufstieg, so wollte man, dass auch die Gebete der Menschen in den Kirchen im Einklang mit der sie umgebenden Kathedrale zu Gott im Himmel hinauf strömten.

Merkur ist jedoch auch der Gott des Handels. Entsprechend wuchs in der Gesellschaft, neben dem Adel und den Klerikern, ein neues Bürgertum heran, das es durch Handel zu Wohlstand brachte. Die Zünfte erlangten zunehmende wirtschaftliche und politische Macht in den Städten. Aus der Vorform der sogenannten „Kaufmannshanse" entwickelte sich schließlich in der Zeit von 1233 bis 1413 die sogenannte „Städtehanse" als überregionale Handelsvereinigung. Viele Handelswege wurden in dieser Zeit befestigt und das europäisches Handelsnetz weiter ausgebaut.

Dem Tierkreisbild Zwillinge steht das des Schützen gegenüber. Wie schon in der urpersischen Kultur repräsentieren die Zwillinge, die ursprünglich als ein Menschenpaar übersinnlich geschaut worden waren, den irdischen Menschen. Der Schütze wurde als ein Kentaur geschaut, als imaginativer Ausdruck des höheren, himmlischen Menschen, der sich mit den höheren Anteilen seiner Seele aus den niederen heraus erhebt und seinen Blick sowie den Pfeil seines Bogens, d. h. die Kraft seiner Seele, gen Himmel richtet. Die gotische Kathedrale vereinigte diese Polarität, indem sie mit ihrer außerordentlichen Lichtfülle und Pracht als irdisches Abbild des himmlischen Jerusalems empfunden wurde, des Aufenthaltsortes der Gemeinschaft der Heiligen, welche die Entwicklung zum höheren, himmlischen Menschen bereits vollzogen haben.

In diesem Spannungsfeld zwischen irdischer und himmlischer Welt gelang es, das menschliche Denken unter dem Einfluss des Merkurzeichens Zwillinge in seiner Entwicklung einen großen Schritt voran zu bringen. Hierbei stützte man sich auf die Denktechniken der Logik und Dialektik, welche sich aus der Zeit des antiken Griechentums erhalten hatten, wo sie damals im ebenfalls unter Merkur-Einfluss stehenden

Jungfrau-Abschnitt des Widderzeitalters (387 – 207 v. Chr.)[40] von dem Philosophen und Naturforscher Aristoteles[41] begründet worden waren. Nunmehr konnte unter maßgeblicher Führung dominikanischer Mönche, allen voran der Italiener Thomas von Aquin[42], die aristotelische Denkmethode und Begriffsbildung zur Hochscholastik weiter entwickelt werden. Doch sie schränkte das menschliche Denken auf die Ergründung der irdischen Sinneswelt ein. Alles, was man der himmlischen Welt zuschrieb, überließ sie dem Glauben. Auf diesem Gebiet suchten manche Zeitgenossen vermittels des Fühlens zu höherer Erkenntnis und Einsicht zu gelangen. Unter dem Jupiter-Einfluss der Tierkreiskraft des Schützen blühte die christliche Mystik des Mittelalters auf, als deren bekannteste Vertreter wohl Meister Eckhart (1300 - 1361) und Heinrich Suso (1295 – 1366) zu nennen sind. Ihre spirituellen Erlebnisse waren jedoch nur möglich durch Unterdrückung des Ich-Bewusstseins.

Mit dem Jahre 1413 begann dann nicht nur ein neuer hundertachtzigjähriger Kulturabschnitt, sondern eine ganz neue, wiederum 2.160 Jahre dauernde Kulturepoche, die sogenannte fünfte Kultur oder das Fische-Zeitalter. Seine Aufgabe besteht darin, in den Menschen vor allem die Fähigkeit zur Bildung innerer bildhafter Vorstellungen unter dem Einfluss der Tierkreiskraft des Jupiter-Zeichens Fische und die Fähigkeit des verstandesmäßigen Denkens, des Intellekts, mit Hilfe der Tierkreiskraft des Merkur-Zeichens Jungfrau auszubilden. Durch das Zusammenwirken beider Kräfte kann sich das Vorstellungsleben unter Beibehaltung des vollen wachen Ich-Bewusstseins entwickeln, nicht in traumhafter Weise wie es in früheren Jahrtausenden bei den Seelenbildern des alten Hellsehens oder bei den Entrückungen der Mystiker der Fall war.

---

[40] siehe S. 62

[41] Aristoteles (384 – 322 v. Chr.)

[42] Thomas von Aquin (1225 – 1274 n. Chr.)

Doch jede neue Entwicklung beginnt zunächst mit einer Art kurzen Wiederholung des Vorangegangenen, einem Rückbesinnen auf das vorherige Zeitalter, was zu einem vorübergehenden Wiederaufleben desselben führt. Entsprechend bezeichnen selbst unsere modernen Historiker den ersten Abschnitt des neuen Zeitalters mit dem französischen Begriff „Renaissance", d. h. Wiedergeburt. Sie erfolgte, wie jede Geburt, unter dem Einfluss des Mutterzeichens Krebs, das dem ersten hundertachtzig Jahre währenden Abschnitt des neuen Zeitalters seine ganz spezielle Eigenart verlieh.

1413 – 1593 n. Chr.   Renaissance

Krebsabschnitt (erster Abschnitt) des Fischezeitalters

Nach einer vorbereitenden Entwicklung zunächst in Italien, verbreitete sich ab dem Beginn des 15. Jahrhunderts auch bei den europäischen Völkern nördlich der Alpen eine starke Tendenz zum Rückblick auf die zu Ende gegangene griechisch-römische Antike. Latein war ohnehin noch immer die internationale Verkehrs- und Lehrsprache. Doch nun lehrte man an den Universitäten zusätzlich Altgriechisch und entdeckte viele antike Handschriften neu.

Die griechisch-römische Kultur war geprägt worden vom Einfluss der Tierkreiskräfte des Widders und der Waage. Sie hatten die Menschen aus ihrem Stammes- und Gruppenbewusstsein heraus zur ersten Stufe eines Individualbewusstseins geführt, was sich im römischen Privatrecht manifestierte, dem das Recht der Allgemeinheit, des Staates gegenüberstand. Zu Beginn der fünften Kultur geschah nun aber keine bloße Wiederholung der vierten Kultur, sondern deren Hauptthema, die Polarität „Einzelmensch und Allgemeinheit" oder „Mensch und Welt" erhielt jetzt ein besonderes Gepräge durch die Tierkreiskräfte des Krebses und seines Gegenpols des Steinbocks, welche den ersten Abschnitt des neuen Zeitalters, das 15. und 16. Jahrhundert, beherrschten.

Das Wasserzeichen Krebs ist ein Zeichen der Innerlichkeit. Es lenkt, wie die Fische, die Aufmerksamkeit des Menschen auf seine seelische Innenwelt. Das Erdzeichen Steinbock dagegen ist ein Zeichen der Außenwelt. Unter dem Einfluss des Krebses nahm das schon in der Antike begründete Individualbewusstsein nun deutlich an Stärke zu. Die Würde des Menschen wurde zum Thema. Der Humanismus kam zur Blüte. Die Menschheit empfand sich als die Krone der Schöpfung. Adel und Bürgertum wollten sich in Portraits und Skulpturen mit individuellen Zügen dargestellt sehen, würdevoll, in bewegter Pose und mit starkem seelischen Ausdruck. Man sollte sehen, was sie fühlten. Dieses Bestreben gipfelte schließlich im Manierismus.

Die Tierkreiskraft des Steinbocks lenkte zur selben Zeit das Interesse der Menschen auf die physische Außenwelt, die man nun rein verstandesmäßig genauer zu erkunden suchte. Dem Humanismus stellte sich der Naturalismus gegenüber. Mit Ehrgeiz und Beharrlichkeit wagten sich die Naturforscher jener Zeit an große Aufgaben heran. Und da das Wasserzeichen Krebs damals das primäre und vorherrschende Zeichen war, sehnten sich die Menschen hinaus auf die Weiten der unbekannten und gefahrvollen Ozeane, während man vorher vor allem die Flüsse, Küstengewässer und Binnenmeere befuhr. Die Renaissance wurde so in besonderem Maße zum Zeitalter der Seefahrer. Bis an die Grenzen der physischen Welt wollte man vordringen, ja die ganze Welt umfahren und umfassen. Diesem Impuls folgend gab der in spanischen Diensten stehende Italiener Christoph Kolumbus[43] durch die Wiederentdeckung Amerikas den Anstoß zu einer gewaltigen Umgestaltung des Bildes, das man damals von der Erde hatte.

In ähnlich revolutionärer Weise drang der im ostpreußischen Ermland lebende Domherr Nikolaus Kopernikus[44] betrachtend und rechnend in die Regionen der außerirdischen Natur vor und ordnete die

---

43 Christoph Kolumbus (1451 – 1506)
44 Nikolaus Kopernikus (1473 – 1543)

Welt der Planeten nach rein physikalischer Sichtweise völlig neu, indem er das damals noch vorherrschende geozentrische Weltbild des Ptolemäus durch ein heliozentrisches ablöste. Nicht umsonst wählte er für sein Werk den doppeldeutigen Titel „De Revolutionibus" unter Verwendung des lateinischen Wortes „revolutio", was sowohl „Umlauf" oder „Umdrehung" wie auch „Umwälzung" bedeutet.

Selbst das religiöse Leben der europäischen Menschheit erfuhr eine massive Veränderung. 1.500 Jahre nach Gründung des Christentums war dieses unter Führung der katholischen Kirche extrem veräußerlicht worden. Kirchenämter waren längst zu Machtämtern geworden und vornehmlich mit Adligen besetzt, deren materielle Interessen ihre spärlichen spirituellen Interessen um ein Vielfaches übertrafen. Auch im praktischen Glaubensleben stützte man sich vornehmlich auf Materielles, wie z. B. die physischen Relikte verstorbener Heiliger. Reliquienverehrung und Reliquienhandel nahmen geradezu absurde Züge an. Die Kirche selbst schürte den Aberglauben im Volk, man könne sich sein nachtodliches Seelenheil durch materielle Gaben erkaufen. Diese eklatanten Zustände bewirkten eine starke Sehnsucht nach Rückbesinnung auf echte christliche Werte und die Innerlichkeit des Glaubens, was schließlich unter der Leitung des deutschen Augustinermönches Martin Luther[45] zur Reformation führte.

Allerdings war die Fähigkeit zur Schau der geistigen Welt, über welche die Menschen in lange zurückliegenden Zeitaltern noch verfügten, längst erloschen. Man konnte, ob man wollte oder nicht, sich nur noch auf Äußeres stützen. Hierzu dienten die in der Bibel zusammengefassten schriftlichen Überlieferungen des Christentums. Die zweitausend Jahre und noch älteren Formulierungen darin wurden aus der Sichtweise des Mittelalters übersetzt und interpretiert. Was man zu verstehen glaubte, nannte man den christlichen Glauben, den man unter dem Wahlspruch „Sola fide, sola scriptura, solus Christus, sola gratia" (Allein durch den

---

[45] Martin Luther (1483 – 1546)

Glauben, allein die Schrift, allein Christus, allein durch Gnade) als etwas Innerliches dem äußerlichen Prunk-, Geld- und Machtgehabe der Papstkirche gegenüberstellte.

So begann das neue Fischezeitalter gleich mit drei kraftvollen Paukenschlägen im Verlaufe seines ersten Kulturabschnittes: einer wesentlichen Erweiterung der Vorstellung von der irdischen Welt durch die Wiederentdeckung Amerikas, einer grundlegenden Umgestaltung auch der außerirdischen Welt durch die Begründung des heliozentrischen Weltbildes und einer radikalen Spaltung der Westkirche in Protestanten und Katholiken.

Gegen Ende des 16. Jahrhunderts begann der zweite einhundertachtzig Jahre dauernde Abschnitt des neuen Zeitalters: das Barock. Die vorherrschende Tierkreiskraft war nun die des Löwen.

1593 – 1773 n. Chr.   Barock

Löweabschnitt (zweiter Abschnitt) des
Fischezeitalters

Die in der vorangehenden Renaissancezeit erstarkte Betonung der Menschenwürde wuchs zu einem Stolz auf die eigene Persönlichkeit heran. Immer prächtiger präsentierten sich diejenigen, welche es sich leisten konnten. Um sich selbst zu erhöhen, trug man Perücken, die bei den Frauen in die Höhe strebten und bei den Männern einer Löwenmähne nachgebildet waren. Unter dem Einfluss des Sonnen- und Feuerzeichens Löwe scheute man das Wasser, hielt es sogar für ungesund, sich zu waschen. Stattdessen puderte und parfümierte man sich lieber. Löwenhaft auftretende Führerpersönlichkeiten waren sehr angesehen, sodass die Monarchie in höchstem Maße bis hin zum französischen Absolutismus erblühte. Der französische Herrscher Ludwig XIV.[46] ist sicherlich das extremste Beispiel dieser neuen Gesinnung. Er empfand

---

[46] Ludwig XIV. (1638 – 1715), französischer König

sich selbst als die Sonne, welche die Welt mit ihrem Glanz überstrahlt und beherrscht. Schließlich bekam er den Beinamen „Sonnenkönig" verliehen.

Das Volk lebte noch in der mittelalterlichen Auffassung, dass die Monarchie eine gottgewollte Ordnung sei. Doch zunehmend erstarkte auch bei ihm das Ich-Bewusstsein und das Bedürfnis nach Anerkennung der Würde jedes einzelnen Menschen. Infolge des damals sehr leidenschaftlichen und feurigen Gefühlslebens kam es zu heftigen Auseinandersetzungen zwischen Vertretern verschiedener Weltauffassungen und Meinungen. Dies führte schließlich zu dem verheerenden Dreißigjährigen Krieg (1618 – 1648) zwischen Protestanten und Katholiken, durch den unzählige Menschenleben vernichtet und weite Landstriche Europas völlig verwüstet wurden.

In der Naturwissenschaft festigten die Astronomen Johannes Kepler[47] und Galileo Galilei[48] das von Kopernikus gleich zu Beginn des Fischezeitalters begründete, von der Kirche aber immer noch abgelehnte neue Weltbild, welches die Sonne in den Mittelpunkt des Planetensystems stellte. Isaac Newton[49] beschrieb in seinem Gravitationsgesetz die zentripetal von einem Mittelpunkt ausgehende und zu diesem Mittelpunkt hin ziehende Kraft der Gravitation, ganz im Einklang mit der damals vorherrschenden Idee des Zentralismus.

Doch aus der naturwissenschaftlichen Denkweise und dem Humanismus der vorangehenden Renaissancezeit erwuchs unter dem Einfluss der Tierkreiskraft des Wassermanns die Geistesrichtung der Aufklärung als Gegenpol zur Tierkreiskraft des Löwen. Das freie, auf Vernunft beru-

---

[47] Johannes Kepler (1571 – 1630), deutscher Astronom, Astrologe und Mathematiker

[48] Galileo Galilei (1564 – 1642), italienischer Astronom, Physiker, Mathematiker und Ingenieur

[49] Isaac Newton (1642 – 1726), englischer Astronom, Physiker und Mathematiker

hende Denken, das weder dem Diktat eines Monarchen, noch dem der Kirche unterworfen war, führte zu der Auffassung, dass Freiheit, Gleichheit und Brüderlichkeit naturgegebene Rechte aller Menschen seien und die Grundprinzipien ihres Zusammenlebens sein sollen. Diese Gegenbewegung zum Monarchismus brachte in England den Parlamentarismus hervor und im Jahre 1776 auf dem nordamerikanischen Kontinent, wo man ungehindert von den festgefügten, alten, gewachsenen Strukturen Europas eine neue Staatsform aufbauen konnte, eine erste Demokratie. In Frankreich gipfelte die weitere Entwicklung 1789 in der Revolution des Volkes und dem blutigen Sturz des Königtums. Mit solchen Paukenschlägen fand der Löwe-Abschnitt sein Ende und der nachfolgende Jungfrau-Abschnitt wurde eingeläutet.

1773 – 1953 n. Chr.	Klassizismus / Industriezeitalter
	Jungfrauabschnitt (dritter Abschnitt) des Fischezeitalters

Der Prunk des Barock wurde durch die einfacheren, strengeren Formen des Klassizismus abgelöst. Die weitere Entwicklung vollzog sich unter dem Einfluss der Tierkreiskräfte der Jungfrau und ihres Gegenbildes Fische. Damit wirkten in diesem neuen, wiederum 180 Jahre dauernden Kulturabschnitt dieselben Tierkreiskräfte, die dem gesamten 2.160 Jahre währenden Fischezeitalter (1413 – 3573 n. Chr.) seine Prägung geben. Entsprechend erfolgte ab dem Übergang zum 19. Jahrhundert eine Weiterentwicklung einerseits der bildhaften Vorstellungskraft (Fische) und andererseits der analysierenden Verstandeskraft (Jungfrau), wobei letztere vorherrschte, da jetzt eben gerade der Jungfrau-Abschnitt des Fischezeitalters war. Unter seinem Merkur-Einfluss wurde die mittelalterliche Denktechnik der Scholastik zur kritischen naturwissenschaftlichen Denkweise umgestaltet.

Erste Ergebnisse fanden bereits Ende des 18. Jahrhunderts in den Werken „Kritik der reinen Vernunft" (1781), „Kritik der praktischen

Vernunft" (1788) und „Kritik der Urteilskraft" (1790) des Königsberger
Philosophen Immanuel Kant[50] einen typischen Ausdruck und machten
im 19. Jahrhundert den theoretischen Materialismus zur vorherrschenden Sicht beim Blick auf die Welt und den Menschen. An der groben,
äußeren Sinneswelt ließ sich die Verstandeskraft anfangs am besten
entwickeln. In diesem frühen Stadium drang sie noch nicht bis zur Einsicht vor, dass die menschliche Erkenntnisfähigkeit keineswegs nur auf
die äußere Sinneswelt begrenzt ist, sondern es ihr bestimmt ist, künftig
auch in seelische und geistige, somit übersinnliche Daseinsebenen vorzudringen. Die Naturwissenschaft wird ihre Erweiterung finden in einer
Seelen- und Geisteswissenschaft und auf diese Weise zu einem vollstän-
digeren Verständnis von Welt und Mensch gelangen. Einen ersten gang-
baren Weg hierzu eröffnete Rudolf Steiner[51] mit der Anthroposophie.
Zunächst jedoch blieb der Blick der Menschen auf die materielle Natur
gerichtet.

Neue Entdeckungen und technische Erfindungen ermöglichten den
Bau immer komplizierterer Maschinen. So wurde die Industrie zum
bestimmenden Faktor des neuen Kulturabschnittes. Eine in den Fabri-
ken sich abmühende Bevölkerungsschicht entstand, das Proletariat.
Seine Armut führte letztlich zur Arbeiterbewegung. Das dienende und
arbeitende Volk kämpfte um seine Rechte. Die Macht der Monarchen
und Aristokraten wurde zunehmend beschnitten. Diese Entwicklung, die
zur Ausbildung von vom Volk gewählten Parlamenten oder gar einer
Demokratie, der Herrschaft des Volkes, führte, hatte wie alle neuen
Entwicklungen ihren Anfang bereits in der zweiten Hälfte des vorangegangenen Kulturabschnittes genommen. Nun trat sie deutlich in den
Vordergrund.

Neben den Prinzipien des Arbeitens und Dienens gehören zur Tierkreiskraft der Jungfrau auch die Prinzipien von Gesundheit und Hygiene.

---

⁵⁰ Immanuel Kant (1724 – 1804)
⁵¹ Rudolf Steiner (1861 – 1925)

Entsprechend legte man ab dem 19. Jahrhundert in der Medizin immer größeren Wert auf Sauberkeit und Desinfektion. Auf diese Weise wurden große Fortschritte bei chirurgischen Eingriffen und bei der Wundbehandlung erzielt.

Dem trockenen Verstandesdenken unter dem Einfluss des Erd- und Merkur-Zeichens Jungfrau stand polar die Weiterentwicklung des Vorstellungslebens unter dem Jupiter-Zeichen Fische gegenüber. Letzteres äußerte sich in der neuen Kulturströmung der Romantik. Sie maß dem Gefühl und der Phantasie mehr Bedeutung bei als dem abstrakten Denken. Die Romantiker wandten sich mit großem Interesse der mittelalterlichen Sagen- und Märchenwelt, der Mystik und dem Übersinnlichen zu. Als Vertreter dieser Richtung gaben zum Beispiel die Brüder Grimm[52] ihre Sammlung deutscher Volksmärchen heraus. Einer der herausragendsten deutschen Romantiker war sicherlich der unter dem Pseudonym Novalis schreibende Georg von Hardenberg[53]. Sein Zeitgenosse Goethe[54], der Novalis persönlich begegnete und wie dieser sowohl Wissenschaftler (Jungfrau) als auch Dichter (Fische) war, wandte sich vor allem gegen die Neigung zum Phantastischen, welche bei den Romantikern so überaus beliebt war. Er beanstandete hier vor allem den mangelnden Bezug zur Realität und zur Wahrhaftigkeit. Dennoch entwickelte gerade Goethe schon ein sehr lebendiges Vorstellungsleben, mittels dessen er die von Kant gesetzten „Grenzen des Erkennens" zu überwinden und in das allem Physischen zugrunde liegende übersinnliche Geistige vorzudringen suchte. Rudolf Steiner berichtet in seiner Autobiographie „Mein Lebensgang" von einem in dieser Hinsicht bedeutsamen Gespräch zwischen Goethe und seinem Dichterkollegen Schiller[55]:

---

[52] Jacob Grimm (1785–1863) und Wilhelm Grimm (1786–1859)

[53] Georg Philipp Friedrich von Hardenberg (1772 – 1801)

[54] Johann Wolfgang von Goethe (1749 - 1832)

[55] Friedrich Schiller (1759 – 1805)

„Und Goethe zeichnete vor Schillers Augen mit ein paar Strichen seine «Urpflanze» hin. Sie stellte durch eine sinnlich-übersinnliche Form die Pflanze als ein Ganzes dar, aus dem Blatt, Blüte usw. sich, das Ganze im einzelnen nachbildend, herausgestalten. Schiller konnte wegen seines damals noch nicht überwundenen Kant'schen Standpunktes in diesem «Ganzen» nur eine «Idee» sehen, die sich die menschliche Vernunft durch die Betrachtung der Einzelheiten bildet. Goethe wollte das nicht gelten lassen. Er «sah» geistig das Ganze, wie er sinnlich die Einzelheit sah. Und er gab keinen prinzipiellen Unterschied zu zwischen der geistigen und sinnlichen Anschauung, sondern nur einen Übergang von der einen zur andern. Ihm war klar, dass beide den Anspruch erheben, in der erfahrungsgemäßen Wirklichkeit zu stehen. Aber Schiller kam nicht los davon, zu behaupten: die Urpflanze sei keine Erfahrung, sondern eine Idee. Da erwiderte denn Goethe aus seiner Denkungsart heraus, dann sehe er eben seine Ideen mit Augen vor sich.“ [56]

Hieran zeigt sich, wie bei Goethe bereits im 19. Jahrhundert die frühen Anfänge eines neuen Hellsehens auftraten unter Beibehaltung des vollen, wachen Ich-Bewusstseins und der Verstandeskraft, infolge des Zusammenwirkens der für das Fische-Zeitalter oder die fünfte Kultur maßgeblichen Tierkreiskräfte der Fische und der Jungfrau.

Das analytische, säuberlich trennende Denken der Jungfrau bewirkte im Jungfrau-Abschnitt von 1773 bis 1953 bei den Völkern leider auch ein starkes Bedürfnis nach strenger, klarer Abgrenzung gegenüber den Nachbarvölkern. Engherziger Nationalismus und Herrendenken machten sich breit. Jede Nation hielt sich selbst für die Größte. Das bei vielen unter dem Fische-Einfluss zunächst chaotisch zunehmende Vorstellungsleben wühlte die Emotionen auf und führte zusammen mit eiskaltem Verstandesdenken zu realitätsfremden Ideologien, die im Holocaust ihre schrecklichste Ausprägung fanden. Volksegoismus und eine bei maßgeblichen Politikern jener Zeit vorhandene enorme Nei-

---

[56] GA 28, Rudolf Steiner, „Mein Lebensgang“, Kapitel V.

74

gung zur Unwahrhaftigkeit führten schließlich zur Katastrophe der beiden großen Weltkriege.[57] Mit diesen lauten Paukenschlägen endete der dritte Kulturabschnitt des Fischezeitalters. Europa lag wieder einmal in Trümmern.

Mit dem Wiederaufbau begann eine neue, friedlichere Zeit. Unter dem Einfluss der Tierkreiskraft der Waage wuchs die Erkenntnis, dass ein friedliches Zusammenleben der Völker nur möglich ist, wenn man das Augenmerk auf das Gemeinschaftliche und nicht auf das Trennende richtet.

1953 – 2133 n. Chr.   Friedensbewegung, Umweltschutz und Gleichberechtigung aller Menschen

Waageabschnitt (vierter Abschnitt) des Fischezeitalters

Das Hauptinteresse der Nachkriegszeit war zunächst, die überall vorhandene materielle Not zu überwinden. Hierzu musste die Wirtschaft wieder in Gang gebracht werden. Das sollte jetzt aber in internationaler Zusammenarbeit geschehen. Schon 1951 wurde die Europäische Gemeinschaft für Kohle und Stahl (EGKS) gegründet. 1957 kamen durch die Römischen Verträge die Europäische Wirtschaftsgemeinschaft (EWG) und die Europäische Atomgemeinschaft (EURATOM) hinzu. Die EWG wurde 1993 durch den Vertrag von Maastricht unter Einbeziehung weiterer gemeinsamer Aufgabenbereiche in die Europäische Union (EU) umgewandelt, welche über die Wirtschaft hinaus viele andere gemeinsame Anliegen fördern und zu einer Wertegemeinschaft werden sollte. Seit Beginn dieser internationalen Entwicklung werden Meinungsverschiedenheiten zwischen den Völkern des Westens nicht mehr

---

[57] Siehe z. B. Rudolf Steiners Vorträge in GA 173 und 174 „Zeitgeschichtliche Betrachtungen – Das Karma der Unwahrhaftigkeit", GA 174a „Mitteleuropa zwischen Ost und West" sowie GA 174b „Die geistigen Hintergründe des 1. Weltkrieges".

kriegerisch mit Waffen ausgetragen, sondern es wird in Diskussionen, auf friedliche Weise, nach gemeinsamen Lösungen gesucht. Und da die Tierkreiskraft der Waage dahin strebt, eine Weltgemeinschaft auszubilden, wurden in der Nachkriegszeit zahlreiche Weltorganisationen gegründet, schon 1945 die Organisation der Vereinten Nationen (UNO) und ihre inzwischen 17 Unterorganisationen, zu denen als wohl bekannteste die UNESCO (Bildung, Wissenschaft und Kultur), die WHO (Weltgesundheitsorganisation) und UNICEF (Kinderhilfswerk) zählen. Viele weitere globale Organisationen kamen später noch hinzu.

Dabei muss berücksichtigt werden, dass die speziellen Eigenschaften eines jeden Kulturabschnittes immer noch weit in den nachfolgenden hineinragen und dort erst allmählich ausklingen. Entsprechend finden wir die Nachwirkungen des trennenden Nationalismus auch noch im heutigen Waage-Abschnitt. Ein typisches Beispiel hierfür ist der Bau der Berliner Mauer im Jahre 1961 als Grenzbefestigung zwischen der Bundesrepublik Deutschland (BRD) und der Deutschen Demokratischen Republik (DDR). Selbst zu Beginn des 3. Jahrtausends, in dem wir mittlerweile leben, flammen nationalistische Bestrebungen durch rückwärts gerichtete Gesinnung immer mal wieder auf. Die Entwicklung verläuft eben wellenartig, nach dem Prinzip zwei Schritte vor und einer zurück.

Im vorangegangenen Jungfrau-Abschnitt interessierte sich die Menschheit vor allem für den Aufbau: die industrielle Produktion. Durch Verbrennung fossiler Brennstoffe entstanden Unmengen von Abgasen, die man einfach in die Atmosphäre ausstieß. Alle Produkte, die nach ihrer Verwendung unbrauchbar gewordenen waren, wurden auf Mülldeponien abgelagert und belasteten damit das Erdreich und das Grundwasser. Im Bestreben nach mehr Hygiene leitete man alles Unreine, alle Abwässer durch unterirdische Kanalisationen in Flüsse, Seen und Meere. Noch war die Menschheit nicht zu der Erkenntnis gereift, dass das Leben auf der Erde nur aufrecht erhalten werden kann, wenn allem Aufbau auch ein entsprechender Abbau gegenübersteht. Diese Erkenntnis beginnt sich erst jetzt unter dem Einfluss des Herbstzeichens Waage allmählich durchzusetzen. Die Natur versteht es bestens, alles, was sie im Frühling aufbaut, im Herbst wieder abzubauen und für einen neuen Aufbau zu verwenden. Die Menschheit dagegen muss Recycling erst noch lernen.

Das Tierkreiszeichen Waage ist, wie das Tierkreiszeichen Stier, ein Venuszeichen und deshalb sowohl dem Thema der Liebe, wie auch den Lebenskräften und -prozessen der Natur sehr zugewandt. Entsprechend wurde „Make love not war" zum neuen Motto und das Thema Sexualität, das im vorangegangenen prüden Jungfrau-Abschnitt geradezu tabuisiert worden war, trat nun in den Vordergrund. Sexuelle Aufklärung wurde Teil des Schulunterrichts. Parallel dazu wuchs das Interesse an biologischer und biologisch-dynamischer Landwirtschaft und Tierhaltung. Natur- und Klimaschutz sind inzwischen zum vorherrschenden Thema unserer Zeit geworden. Das neue Ziel ist die Umstellung der Energiewirtschaft auf umweltschonende, erneuerbare Energien wie Solarenergie, Windkraft und Wasserkraft.

Den Klimawandel wird man dadurch zwar nicht aufhalten, aber wenigstens den Temperaturanstieg etwas verlangsamen und seine dramatischen Auswirkungen auf die Menschheit dämpfen können. Denn ähnlich wie im Laufe eines Sonnenjahres auf jeden Winter ein Sommer folgt, pendelt das Klima im Laufe eines großen Weltenjahres zwischen Eiszeiten und Heißzeiten. Im Platonischen Jahr herrscht jedoch eine umgekehrte Gesetzmäßigkeit im Vergleich zum Sonnenjahr. Bei letzterem läuft die Sonne vorwärts durch den Tierkreis. Während eines Platonischen Jahres läuft der Aufgangspunkt der Sonne zu Frühlingsbeginn rückwärts durch den Tierkreis. Auch Warm- und Kalt-Zeiten sind genau umgekehrt verteilt. Im Sonnenjahr fallen die heißesten Wochen im Durchschnitt gesehen in die Zeit von Juli/August, wenn die Sonne durch die Kraftbereiche von Krebs und Löwe wandert. Im Platonischen Jahr ist genau das Gegenteil der Fall. Wandert der Frühlingspunkt rückwärts laufend durch Löwe und Krebs, herrscht auf der Erde eine Eiszeit. Dagegen erlebt sie eine Heißzeit, wenn der Frühlingspunkt den Wassermann und den Steinbock durchläuft, gerade jene beiden Zeichen, unter deren Einfluss wir im Sonnenjahr die kältesten Wochen haben. Während des gegenwärtigen Fischezeitalters, das dem Wassermannzeitalter unmittelbar vorangeht, macht sich deshalb bereits ein deutlicher Temperaturanstieg bemerkbar. Zu diesem Prozess kommt die menschengemachte Klimaerwärmung durch die ungeheure Menge an ausgestoßenen Treibhausgasen aus der Verbrennung fossiler Brennstoffe noch hinzu. Sie beschleunigen den globalen Erwärmungsprozess und intensivieren ihn. Die Menschheit ist daher aufgerufen, hier gegenzusteuern.

Der Waage steht im Tierkreis der Widder gegenüber, das Zeichen des Einzelmenschen, der Persönlichkeit und Individualität. Entsprechend sind die Menschenrechte ein weiteres Hauptthema unserer Zeit. Immer mehr macht sich die Erkenntnis breit, dass Menschsein Vielfalt bedeutet und man den verschiedenen Varianten des Menschseins nur gerecht wird, wenn sie gleichberechtigt nebeneinander stehen dürfen, sich dabei alle zu einer großen Einheit ergänzend. Die Tierkreiskräfte von Waage und Widder sind in ihrem Zusammenwirken daher die treibenden Kräfte hinter dem Streben nach Gleichberechtigung aller Menschen, unabhängig von ethnischer Herkunft, Religion oder Weltanschauung, biologischem Geschlecht oder geschlechtlicher Selbstidentifikation, sexueller Orientierung oder einer Behinderung.

Ein in diesem Zusammenhang hochinteressantes Phänomen ist die neuerdings in den Fokus gerückte Transsexualität, welche richtiger als Transidentität zu bezeichnen wäre. Sie beweist, dass die Seele des Menschen etwas ganz Eigenständiges ist und keineswegs nur ein Produkt des Körpers, wie es die Naturwissenschaft behauptet. Ein völlig normal ausgebildeter männlicher Körper mit intaktem Testosteron-Haushalt kann unmöglich eine sich als weiblich empfindende Menschenseele hervorbringen, ebenso wie ein normal ausgebildeter weiblicher Körper mit intaktem Östrogen-Haushalt unmöglich eine als männlich sich empfindende Menschenseele hervorbringen kann. Wäre die Seele ein Produkt des Körpers müsste ihr Empfinden mit der Eigenart ihres Erzeugers übereinstimmen. Gerade Religionsgemeinschaften, welche die Unsterblichkeit der Menschenseele lehren, sollten sich daher dankbar dem Phänomen der Transidentität zuwenden, statt es als „widernatürlich" abzulehnen.

Widernatürlich ist dagegen die backsteinköpfige Ansicht, nur die beiden Erscheinungsformen „heterosexueller maskuliner Mann" und „heterosexuelle feminine Frau" entsprächen Gottes Wille. Eine solche Ansicht missachtet zutiefst die Vielfalt in Gottes Schöpfung und beweist einen eklatanten Mangel an Welt- und Menschenkenntnis. Das ist gerade so töricht, als würde man das Jahr nur in die Polarität Sommer und Winter teilen und die Übergangszeiten Frühling und Herbst als widernatürlich beurteilen. Einer genaueren Betrachtung ergibt sich dagegen, dass das Jahr sich in zwölf verschiedenen Erscheinungsformen manifestiert, den zwölf Monaten, entsprechend den zwölf Tierkreiskräften. Sie liegen der ganzen Schöpfung und damit auch dem Menschen als Gliederungsprinzip zugrunde.

Es bleibt zu hoffen, dass das auf einer groben und engstirnigen Denkweise beruhende Menschenbild vergangener Jahrhunderte im weiteren Verlauf des gegenwärtigen Waage-Abschnittes, der noch bis zum Jahr 2133 dauern wird, endlich überwunden und durch eine Auffassung des Menschen ersetzt wird, die seiner würdig ist. Schließlich sind Widder und Waage gerade die beiden Tierkreiskräfte, welche auch jenes Zeitalter beherrschten, in dem der christliche Impuls in die Menschheit einzog mit dem Ziel, die menschliche Individualität in all ihrer Vielfalt auf der einen Seite und die Anliegen der Gesamtmenschheit als Einheit auf der anderen Seite in ein Gleichgewicht zu bringen. Nur auf diese Weise wird ein friedliches, verständnisvolles und liebevolles Zusammenleben der Menschen auf der Erde möglich sein.

Zusammenfassend lässt sich sagen: Die hier durchgeführten Betrachtungen zur Menschheitsgeschichte belegen nicht nur, dass jedes Zeitalter sein ganz charakteristisches Erscheinungsbild unter dem Einfluss einer speziellen Tierkreiskraft entwickelt, sondern darüberhinaus die Zeitalter in ihrer Aufeinanderfolge auch noch genau der Reihe der zwölf Tierkreiskräfte entsprechen, wenn auch in umgekehrter Reihenfolge aufgrund der rückwärtigen Präzession des Frühlingspunktes.

Innerhalb eines jeden Zeitalters lassen sich zwölf Kulturabschnitte beobachten, die ihr Gepräge ebenfalls von den Tierkreiskräften erhalten, wobei hier die Aufeinanderfolge jedoch der „normalen" Reihenfolge der Tierkreiszeichen entspricht, wie wir sie von der Bewegung der Sonne im Jahreslauf her kennen.

Beides zusammen eröffnet einen tiefen Einblick in die Kulturgeschichte und macht im Grunde erst verständlich, weshalb vieles sich gerade so entwickelt hat, wie es geschehen ist, ja selbst weshalb es ausgerechnet in dieser Reihenfolge geschah.

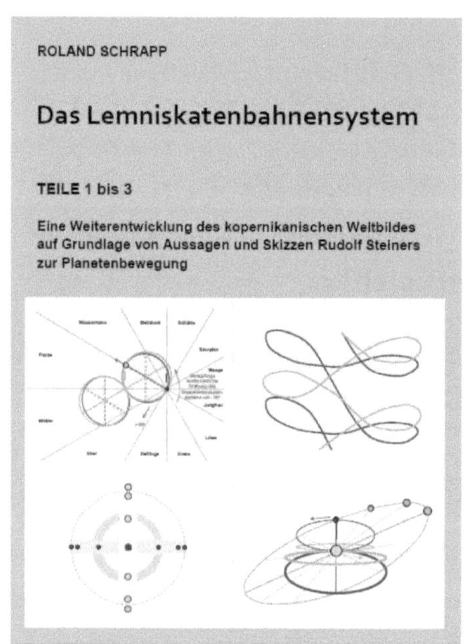

Roland Schrapp

Herausgeber:
BoD – Books on Demand

Paperback: 198 Seiten
Großformat (DIN A4)
253 meist farbige Abbildungen

ISBN-10: 3751921648
ISBN-13: 978-3751921640

Eine Weiterentwicklung des kopernikanischen Weltbildes auf Grundlage von Aussagen und Skizzen Rudolf Steiners zur Planetenbewegung.

Rudolf Steiners über mehrere Vortragszyklen verteilte Aussagen und Skizzen zum Thema der Lemniskatenbahnen der Planeten wurden erstmals nach fast hundert Jahren in einen größeren Zusammenhang gebracht und auf sich daraus ergebende Konsequenzen untersucht. Steiners Anregungen zu einer Neubetrachtung der Planetenbewegung wurden aufgegriffen und versucht, sie im vorgegebenen Sinne weiter zu entwickeln. Daraus ist die Arbeit „Das Lemniskatenbahnensystem" entstanden. Die Abhandlung umfasst 192 Seiten mit 253 meist farbigen Abbildungen. Die Teile 1 und 2 wurden vorab in der Zeitschrift JUPITER veröffentlicht, herausgegeben von der Mathematisch-Astronomischen Sektion am Goetheanum in Dornach: JUPITER September 2010 (Vol. 5 Nr. 1) und JUPITER September 2011 (Vol. 6 Nr. 1).

Roland Schrapp

Herausgeber:
BoD – Books on Demand

Großformat (DIN A4)
272 Seiten, 27 Abbildungen

Paperback (Klebebindung):
ISBN-10: 3750498970
ISBN-13: 978-3750498976

Hardcover (Fadenbindung):
ISBN-10: 3751972978
ISBN-13: 978-3751972970

Das Buch wirft einen gänzlich neuen Blick auf den anthroposophischen Seelen-kalender. Es widmet sich dem tieferen Sinn der zweiundfünfzig Wochensprüche, welcher in den vergangenen hundert Jahren seit der Erstausgabe durch Rudolf Steiner im Wesentlichen unerschlossen geblieben ist. Ein dichter Schleier der Isis liegt darüber, von dem es bekanntlich heißt, dass kein Sterblicher ihn zu lüften vermag. Allein der unsterbliche, seelisch-geistige Mensch, der sich in den jenseitigen, höheren Welten beheimatet weiß, ist dazu in der Lage. Nur ihm enthüllen sich die Wochensprüche als ein Reiseführer durch eben jene Welten und erheben ihn in immer höhere geistig-kosmische Reiche bis zum Gottes-erleben, von wo er geistbereichert und seelenbefruchtet schrittweise wieder hinabsteigt in ein neues Erdenleben. Lässt sich der Leser auf diese Reise ein, enthüllt sich ihm letztlich das geistige Urbild des Seelenkalenders und er gelangt zu einem erweiterten Menschen- und Christus-Verständnis. Durch viele Zitate aus Vorträgen und Büchern Rudolf Steiners lässt der Autor diesen gewisser-maßen selbst die atemberaubenden Geistestiefen seiner geheimnisvollen Wochensprüche enthüllen.